王伟华　编　著

杨雪琼　黄艺洁　绘　图

DL5027-2015

电力设备
典型消防规程图解

中国电力出版社

CHINA ELECTRIC POWER PRESS

内 容 提 要

　　为了促进电力系统员工更好地学习、理解、执行《电力设备典型消防规程》，本书依据规程条文，共创作图画 350 余幅，准确展现消防安全工作的要求，将设备、技术、安全要素和组织管理以图画的形式有机地结合在一起，使得规程易于记忆、易于理解、易于执行。

　　本书集知识性、趣味性、实用性于一体，适合电网企业、发电企业、电力建设企业、电力设备修造企业中的消防专业管理人员、安全管理人员、基层员工学习使用，也可作为各企业外包人员的消防安全培训教材。

图书在版编目（CIP）数据

电力设备典型消防规程图解 / 王伟华编著．— 北京：中国电力出版社，2021.5
（2025.1 重印）
　ISBN 978-7-5198-5641-0

　Ⅰ.①电… Ⅱ.①王… Ⅲ.①电力设备－消防－规程－图解 Ⅳ.① TM08-64

中国版本图书馆 CIP 数据核字（2021）第 097961 号

出版发行：中国电力出版社		印　　刷：北京瑞禾彩色印刷有限公司	
地　　址：北京市东城区北京站西街 19 号		版　　次：2021 年 5 月第一版	
邮政编码：100005		印　　次：2025 年 1 月北京第四次印刷	
网　　址：http://www.cepp.sgcc.com.cn		开　　本：880 毫米 ×1230 毫米 32 开本	
责任编辑：赵鸣志（010-63412385）		印　　张：9.5	
责任校对：黄　蓓　王海南		字　　数：314 千字	
装帧设计：赵姗杉		印　　数：4501—5500 册	
责任印制：吴　迪		定　　价：58.00 元	

前 言 PREFACE

安全生产是关系人民群众生命财产安全的大事。《中共中央　国务院关于推进安全生产领域改革发展的意见》明确提出了"党政同责、一岗双责、齐抓共管、失职追责，完善安全生产责任体系"的工作要求。

消防火灾事故直接造成生产系统停运、物品损毁、环境污染和人员伤亡，火灾诱发的爆炸事故甚至能以几何级数扩大危害，带来重大的经济损失，严重影响社会稳定。作为安全管理的重要组成部分，电力设备消防管理被提到空前重要的位置。

依据《电力设备典型消防规程》，重点保障电力设施安全，一直是各单位消防安全管理工作重点。为了促进电力系统员工更好地学习、理解、执行《电力设备典型消防规程》，编者共创作图画350余幅，把规程中晦涩的文字条款以易于理解的图画形式展现在读者面前。在创作过程中，编写者精心安排内容，准确展现消防工作细节，力求在一幅图上将设备、技术、安全要素和组织管理有机地结合在一起，实现对条款的全面解释。本书在编排上图文对应，并对延伸的知识内容进行讲解，便于读者学习使用。

　　本书全部草图由王伟华绘制完成，杨雪琼、黄艺洁完成图画的后期制作。

　　本书集知识性、趣味性、实用性于一体，适合电网企业、发电企业、电力设备制造企业中的消防专业管理人员、安全管理人员、基层员工学习使用，也可作为各企业外包人员的消防安全培训教材。

　　本书在创作过程中，得到了中国电力出版社的大力支持，在此谨表谢意。限于作者水平，书中难免有疏漏之处，恳请读者批评指正。

王伟华

2021 年 5 月

CONTENTS 目 录

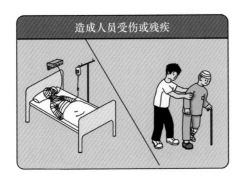

造成人员受伤或残疾

造成环境污染等次生灾害

造成人员死亡

造成财产损失

火灾的危害

1 总则

1.0.1　为了规范电力设备及其相关设施的消防安全管理，预防火灾和减少火灾危害，保障人身、电力设备和电网安全，制定本规程。

1.0.2　本规程规定了电力设备及其相关设施的防火和灭火措施，以及消防安全管理要求，适用于发电单位、电网经营单位，以及非电力单位使用电力设备的消防安全管理。电力设计、安装、施工、调试、生产应符合本规程的有关要求。本规程不适用于核能发电单位。

1.0.3　贯彻"预防为主、防消结合"的消防工作方针，按照政府统一领导、部门依法监管、单位全面负责、公民积极参与的原则，做好单位的消防安全工作。

1.0.4　法人单位的法定代表人或者非法人单位的主要负责人是单位的消防安全责任人，对本单位的消防安全工作全面负责。消防安全管理人对单位的消防安全责任人负责。

1.0.5　单位应成立安全生产委员会，履行消防安全职责。

1.0.6　单位的有关人员应按其工作职责，熟悉本规程的有关部分，并结合消防知识每年考试一次。

1.0.7　电力设备及其相关设施的消防安全管理除应符合本规程外，尚应符合国家现行有关标准的规定。

2　术语

2.0.1　消防安全管理人 fire safety supervisor

对本单位消防安全责任人负责的分管消防安全工作的单位领导。

2.0.2　动火作业 hot work

能直接或间接产生明火的作业，应包括熔化焊接、压力焊、钎焊、切割、喷枪、喷灯、钻孔、打磨、锤击、破碎和切削等作业。

2.0.3　安全生产委员会 safety production committee

安全生产领导机构。

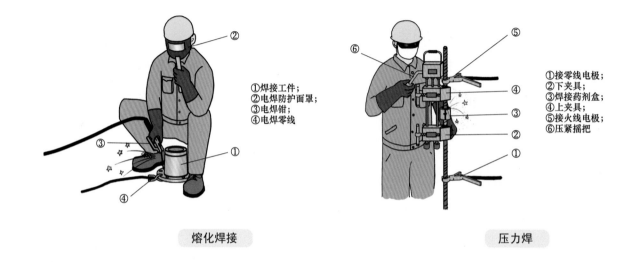

①焊接工件；
②电焊防护面罩；
③电焊钳；
④电焊零线

熔化焊接

①接零线电极；
②下夹具；
③焊接药剂盒；
④上夹具；
⑤接火线电极；
⑥压紧摇把

压力焊

　　熔化焊接是利用局部加热的方法将连接处的金属加热至熔化状态而完成的焊接方法。熔化焊接包括气焊、焊条电弧焊、埋弧焊、气体保护焊、等离子焊、电渣焊、电子束焊、激光焊等。

　　压力焊是在配件装配好后，通过电极施加压力，伴随着加热或不加热实现焊接。压力焊包括电阻焊、高频焊、摩擦焊、扩散焊、爆炸焊、超声波焊、悬弧焊，磁力脉冲焊，气压焊、压力焊、冰压焊等。

①电路板；
②焊锡；
③电烙铁

钎焊

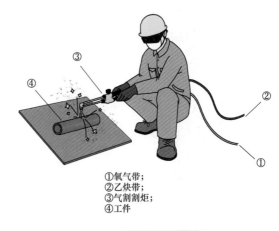

①氧气带；
②乙炔带；
③气割割炬；
④工件

（热力）切割

采用比母材熔点低的材料作钎料，将焊件与钎料加热到高于钎料熔点但低于母材熔点的温度，利用液态钎料浸湿母材，填充接头空隙，并与母材相应扩散而实现连接焊接的方法。

（热力）切割是使物体在高温作用下断开，切割用的介质有乙炔、丙烷、天然气或激光，助燃气体一般为氧气。切割时产生大量热量，在熔化金属产生割缝的同时，有引燃周围可燃物风险。

①燃料罐（罐内自带压力）；
②喷火枪

喷枪

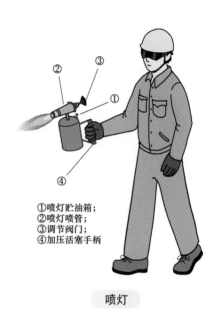

①喷灯贮油箱；
②喷灯喷管；
③调节阀门；
④加压活塞手柄

喷灯

　　利用燃气或挥发性可燃液体雾化后形成的可燃气体燃烧形成火焰喷射出去，用于加热工件及材料。

　　利用喷射火焰对工件进行加热的一种工具，一般经过对燃料桶加压，依靠压力使燃料雾化并点火燃烧。燃料可以是柴油或汽油。

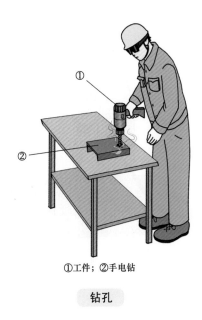

①工件；②手电钻

钻孔

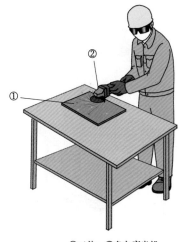

①工件；②角向磨光机

打磨

在零件设备或建筑物上以钻头钻出孔洞。

　　通过高速旋转的摩擦器具或手动驱动摩擦器具，机械去除物体表面的锈蚀层或多余材料，以达到规定加工目标。

①工件；②锤子

锤击

用锤子击打物体，达到工艺目的。

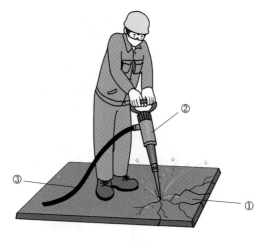

①待破拆的地面；②风镐；③压缩风管

破碎

用工具或设备将整块物体通过击打分裂成许多小块的操作。

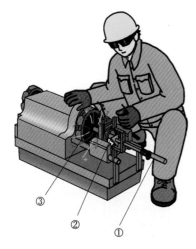

①工件；②卡盘；③板牙卡盘

切削

通过刀具割除掉多余部分，以达到规定的几何形状。切割有机床加工和电动套丝机加工。

①无齿锯；②工件

冷切割

冷切割不需要熔融被切割物体，一般采用无齿锯片切割，使物体两部分达到分离。切割采用的有无齿锯片，合金锯片，被切割对象有石材、金属、木材、玻璃、有机板材等。

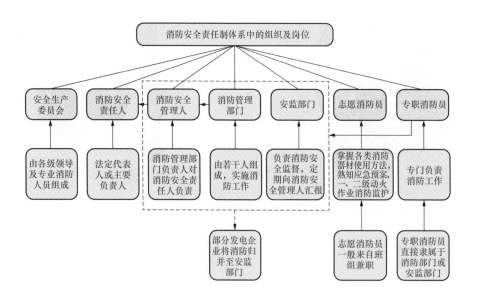

消防安全责任制

3　消防安全责任制

3.1　安全生产委员会消防安全主要职责

3.1.1　组织贯彻落实国家有关消防安全的法律、法规、标准和规定（简称消防法规），建立健全消防安全责任制和规章制度，对落实情况进行监督、考核。

3.1.2　建立消防安全保证和监督体系，督促两个体系各司其职。明确消防工作归口管理职能部门（简称消防管理部门）和消防安全监督部门（简称安监部门），确保消防管理和安监部门的人员配置与其承担的职责相适应。

3.1.3　制定本单位的消防安全目标并组织落实，定期研究、部署本单位的消防安全工作。

3.1.4　深入现场，了解单位的消防安全情况，推广消防先进管理经验和先进技术，对存在的重大或共性问题进行分析，制定针对性的整改措施，并督促措施的落实。

3.1.5　组织或参与火灾事故调查。

3.1.6　对消防安全做出贡献者给予表扬或奖励；对负有事故责任者，给予批评或处罚。

3.2　消防安全责任人主要职责

3.2.1 贯彻执行消防法规，保障单位消防安全符合规定，掌握本单位的消防安全情况。

3.2.2 将消防工作与本单位的生产、科研、经营、管理等活动统筹安排，批准实施年度消防工作计划。

3.2.3 为本单位的消防安全提供必要的经费和组织保障。

3.2.4 确定逐级消防安全责任，批准实施消防安全管理制度和保障消防安全的操作规程。

3.2.5 组织防火检查，督促落实火灾隐患整改，及时处理涉及消防安全的重大问题。

3.2.6 根据消防法规的规定建立专职消防队、志愿消防队。

3.2.7 组织制定符合本单位实际的灭火和应急疏散预案，并实施演练。

3.2.8 确定本单位消防安全管理人。

3.2.9 发生火灾事故做到事故原因不清不放过，责任者和应受教育者没有受到教育不放过，没有采取防范措施不放过，责任人员未受到处理不放过。

3.3 消防安全管理人主要职责

3.3.1 拟订年度消防工作计划，组织实施日常消防安全管理工作。

3.3.2 组织制订消防安全管理制度和保障消防安全的操作规程并检查督促其落实。

3.3.3 拟订消防安全工作的资金投入和组织保障方案。

3.3.4 组织实施防火检查和火灾隐患整改工作。

3.3.5 组织实施对本单位消防设施、灭火器材和消防安全标志维护保养，确保其完好有效，确保疏散通道和安全出口畅通。

3.3.6　组织管理专职消防队和志愿消防队。

3.3.7　组织对员工进行消防知识的宣传教育和技能培训，组织灭火和应急疏散预案的实施和演练。

3.3.8　单位消防安全责任人委托的其他消防安全管理工作。

3.3.9　应定期向消防安全责任人报告消防安全情况，及时报告涉及消防安全的重大问题。

3.4　消防管理部门主要职责

3.4.1　贯彻执行消防法规、本单位消防安全管理制度。

3.4.2　拟定逐级消防安全责任制，及其消防安全管理制度。

3.4.3　指导、督促各相关部门制定和执行各岗位消防安全职责、消防安全操作规程，消防设施运行和检修规程等制度，以及制定发电厂厂房、车间、变电站、换流站、调度楼、控制楼、油罐区等重要场所及重点部位的灭火和应急疏散预案。

3.4.4　定期向消防安全管理人报告消防安全情况，及时报告涉及消防安全的重大问题。

3.4.5　拟订年度消防管理工作计划。

3.4.6　拟订消防知识、技能的宣传教育和培训计划，经批准后组织实施。

3.4.7　负责消防安全标志设置，负责或指导、督促有关部门做好消防设施、器材配置、检验、维修、保养等管理工作，确保完好有效。

3.4.8　管理专职消防队和志愿消防队。根据消防法规、公安消防部门的规定和实际情况配备专职消防员和消防装备器材，组织实施专业技能训练，维护保养装备器材。志愿消防员的人数不应少于职工总数的 10%，重点部位不应少于该部位人数的 50%，且人员分布要均匀；年龄男性一般不超 55 岁、女性一般不超 45 岁，能行使职责工作。根据志愿消防人员变动、身体和年龄等情况，及时进行调整或补充，并公布。

3.4.9　确定消防安全重点部位，建立消防档案。

3.4.10　将消防费用纳入年度预算管理，确保消防安全资金的落实，包括消防安全设施、器材、教育培训资金，以及兑现奖惩等。

3.4.11　督促有关部门凡新建、改建、扩建工程的消防设施必须与主体设备（项目）同时设计、同时施工、同时投入生产或使用。

3.4.12　指导、督促有关部门确保疏散通道、安全出口、消防车通道畅通，保证防火防烟分区、防火间距符合消防标准。

3.4.13　指导、督促有关部门按照要求组织发电厂厂房、车间、变电站、换流站、调度楼、控制楼、油罐区等重要场所及重点部位的灭火和应急疏散演练。

3.4.14　指导、督促有关部门实行每月防火检查、每日防火巡查，建立检查和巡查记录，及时消除消防安全隐患。

3.4.15　发生火灾时，立即组织实施灭火和应急疏散预案。

3.5　安监部门主要职责

3.5.1　熟悉国家有关消防法规，以及公安消防部门的工作要求；熟悉本单位消防安全管理制度，并对贯彻落实情况进行监督。

3.5.2 拟订年度消防安全监督工作计划，制定消防安全监督制度。

3.5.3 组织消防安全监督检查，建立消防安全检查、消防安全隐患和处理情况记录，督促隐患整改。

3.5.4 定期向消防安全管理人报告消防安全情况，及时报告涉及消防安全的重大问题。

3.5.5 对各级、各岗位消防安全责任制等制度的落实情况进行监督考核。

3.5.6 协助公安消防部门对火灾事故的调查。

3.6 志愿消防员主要职责

3.6.1 掌握各类消防设施、消防器材和正压式消防空气呼吸器等的适用范围和使用方法。

3.6.2 熟知相关的灭火和应急疏散预案，发生火灾时能熟练扑救初起火灾、组织引导人员安全疏散及进行应急救援。

3.6.3 根据工作安排负责一、二级动火作业的现场消防监护工作。

3.7 专职消防员主要职责

3.7.1 应按照有关要求接受岗前培训和在岗培训。

3.7.2 熟知单位灭火和应急疏散预案，参加消防活动和进行灭火训练，发生火灾时能熟练扑救火灾、组织引导人员安全疏散。

3.7.3 做好消防装备、器材检查、保养和管理，保证其完好有效。

3.7.4 政府部门规定的其他职责。

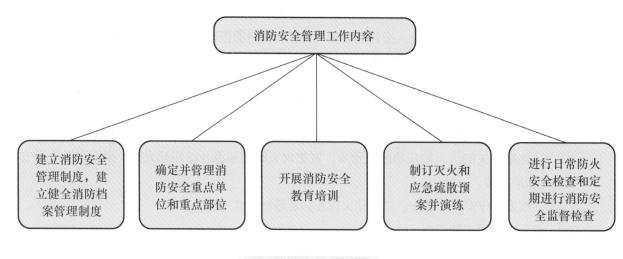

消防安全管理工作内容

4 消防安全管理

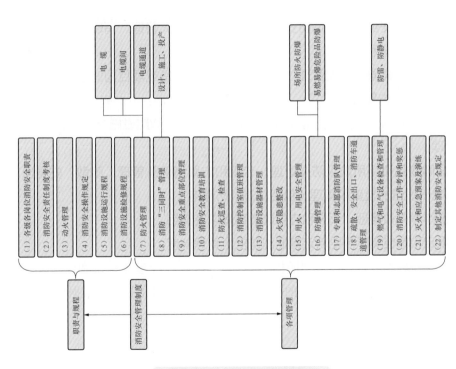

消防安全管理制度包括的内容

4.1 消防安全管理制度

4.1.1 消防安全管理制度应包括下列内容:

① 各级和各岗位消防安全职责、消防安全责任制考核、动火管理、消防安全操作规定、消防设施运行规程、消防设施检修规程。

② 电缆、电缆间、电缆通道防火管理,消防设施与主体设备或项目同时设计、同时施工、同时投产管理,消防安全重点部位管理。

③ 消防安全教育培训,防火巡查、检查,消防控制室值班管理,消防设施、器材管理,火灾隐患整改,用火、用电安全管理。

④ 易燃易爆危险物品和场所防火防爆管理,专职和志愿消防队管理,疏散、安全出口、消防车通道管理,燃气和电气设备的检查和管理(包括防雷、防静电)。

⑤ 消防安全工作考评和奖惩,灭火和应急疏散预案以及演练。

⑥ 根据有关规定和单位实际需要制定其他消防安全管理制度。

4.1.2 应建立健全消防档案管理制度。消防档案应当包括消防安全基本情况和消防安全管理情况。消防档案应当翔实,全面反映单位消防工作的基本情况,并附有必要的图表,根据情况变化及时更新。单位应对消防档案统一保管。

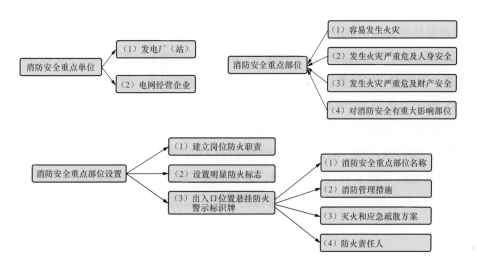

消防安全重点单位和重点部位

4.2 消防安全重点单位和重点部位

4.2.1 发电单位和电网经营单位是消防安全重点单位，应严格管理。

4.2.2 消防安全重点部位应包括下列部位：

① 油罐区（包括燃油库、绝缘油库、透平油库），制氢站、供氢站、发电机、变压器等注油设备，电缆间以及电缆通道、调度室、控制室、集控室、计算机房、通信机房、风力发电机组机舱及塔筒。

② 换流站阀厅、电子设备间、铅酸蓄电池室、天然气调压站、储氨站、液化气站、乙炔站、档案室、油处理室、秸秆仓库或堆场、易燃易爆物品存放场所。

③ 发生火灾可能严重危及人身、电力设备和电网安全以及对消防安全有重大影响的部位。

4.2.3 消防安全重点部位应当建立岗位防火职责，设置明显的防火标志，并在出入口位置悬挂防火警示标示牌。标示牌的内容应包括消防安全重点部位的名称、消防管理措施、灭火和应急疏散方案及防火责任人。

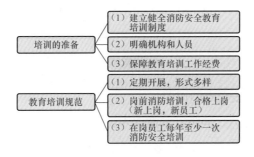

开展消防安全培训

4.3 消防安全教育培训

4.3.1 应根据本单位特点，建立健全消防安全教育培训制度，明确机构和人员，保障教育培训工作经费。按照下列规定对员工进行消防安全教育培训：

1 定期开展形式多样的消防安全宣传教育。

2 对新上岗和进入新岗位的员工进行上岗前消防安全培训，经考试合格方能上岗。

3 对在岗的员工每年至少进行一次消防安全培训。

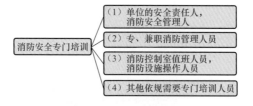

接受消防安全培训的人员

4.3.2　下列人员应接受消防安全专门培训：

1　单位的消防安全责任人、消防安全管理人。

2　专、兼职消防管理人员。

3　消防控制室值班人员、消防设施操作人员，应通过消防行业特有工种职业技能鉴定，持有初级技能以上等级的职业资格证书。

4　其他依照规定应当接受消防安全专门培训的人员。

4.3.3　消防安全教育培训的内容应符合全国统一的消防安全教育培训大纲的要求，主要包括国家消防工作方针、政策，消防法律法规，火灾预防知识，火灾扑救、人员疏散逃生和自救互救知识，其他应当教育培训的内容。

4.3.4　应根据不同对象开展有侧重的培训。通过培训应使员工懂基本消防常识、懂本岗位产生火灾的危险源、懂本岗位预防火灾的措施、懂疏散逃生方法；会报火警、会使用灭火器材灭火、会查改火灾隐患、会扑救初起火灾。

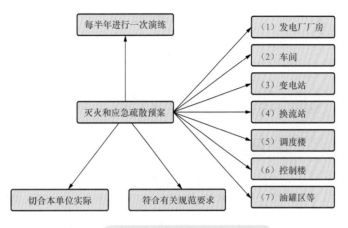

灭火和应急疏散预案和演练

4.4 灭火和应急疏散预案及演练

4.4.1 单位应制定灭火和应急疏散预案，灭火和应急疏散预案应包括发电厂厂房、车间、变电站、换流站、调度楼、控制楼、油罐区等重点部位和场所。

4.4.2 灭火和应急疏散预案应切合本单位实际及符合有关规范要求。

4.4.3 应当按照灭火和应急疏散预案，至少每半年进行一次演练，及时总结经验，不断完善预案。消防演练时，应当设置明显标识并事先告知演练范围内的人员。

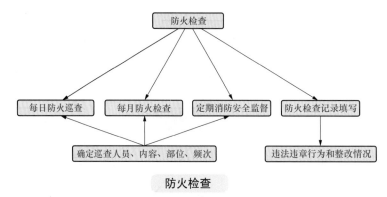

防火检查

注：依据《消防安全管理规定》第二十五、二十六条和单位实际情况、检查记录填写要求。

4.5 防火检查

4.5.1 单位应进行每日防火巡查，并确定巡查的人员、内容、部位和频次。防火巡查应包括下列内容：

① 用火、用电有无违章；安全出口、疏散通道是否畅通，安全疏散指示标志、应急照明是否完好；消防设施、器材情况。

② 消防安全标志是否在位、完整；常闭式防火门是否处于关闭状态，防火卷帘下是否堆放物品影响使用等消防安全情况。

③ 防火巡查人员应当及时纠正违章行为，妥善处置发现的问题和火灾危险，无法当场处置的，应当立即报告。发现初起火灾应立即报警并及时扑救。

④ 防火巡查应填写巡查记录，巡查人员及其主管人员应在巡查记录上签名。

4.5.2　单位应至少每月进行一次防火检查。防火检查应包括下列内容：

　　① 火灾隐患的整改以及防范措施的落实；安全疏散通道、疏散指示标志、应急照明和安全出口；消防车通道、消防水源；用火、用电有无违章情况。

　　② 重点工种人员以及其他员工消防知识的掌握；消防安全重点部位的管理情况；易燃易爆危险物品和场所防火防爆措施的落实以及其他重要物资的防火安全情况。

　　③ 消防控制室值班和消防设施运行、记录情况；防火巡查；消防安全标志的设置和完好、有效情况；电缆封堵、阻火隔断、防火涂层、槽盒是否符合要求。

　　④ 消防设施日常管理情况，是否放在正常状态，建筑消防设施每年检测；灭火器材配置和管理；动火工作执行动火制度；开展消防安全学习教育和培训情况。

　　⑤ 灭火和应急疏散演练情况等需要检查的内容。

　　⑥ 发现问题应及时处置。防火检查应当填写检查记录。检查人员和被检查部门负责人应当在检查记录上签名。

4.5.3　应定期进行消防安全监督检查，检查应包括下列内容：

　　① 建筑物或者场所依法通过消防验收或者进行消防竣工验收备案。

　　② 新建、改建、扩建工程，消防设施与主体设备或项目同时设计、同时施工、同时投入生产或使用，并通过消防验收。

　　③ 制定消防安全制度、灭火和应急疏散预案，以及制度执行情况。

④ 建筑消防设施定期检测、保养情况，消防设施、器材和消防安全标志。

⑤ 电器线路、燃气管路定期维护保养、检测。

⑥ 疏散通道、安全出口、消防车通道、防火分区、防火间距。

⑦ 组织防火检查，特殊工种人员参加消防安全专门培训，持证上岗情况。

⑧ 开展每日防火巡查和每月防火检查，记录情况。

⑨ 定期组织消防安全培训和消防演练。

⑩ 建立消防档案、确定消防安全重点部位等。

⑪ 对人员密集场所，还应检查灭火和应急疏散预案中承担灭火和组织疏散任务的人员是否确定。

4.5.4　防火检查应当填写检查记录，记录包括发现的消防安全违法违章行为、责令改正的情况等。

5 动火管理

电力设备一级、二级动火等级划分

火灾危险性	发生火灾的损失和影响
可参照DL 5027—2015《电力设备典型消防规程》附录E	可参照《关于调整火灾等级标准的通知》（公传发〔2007〕245号）

动火级别

5.1 动火级别

5.1.1 根据火灾危险性、发生火灾损失、影响等因数将动火级别分为一级动火、二级动火两个级别。

5.1.2 火灾危险性很大，发生火灾造成后果很严重的部位、场所或设备应为一级动火区。

5.1.3 一级动火区以外的防火重点部位、场所或设备及禁火区域应为二级动火区。

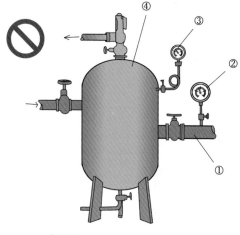

①管道；
②管道上的压力表（有压力）；
③容器上的压力表（有压力）；
④容器

禁止在管道和容器未泄压前动火

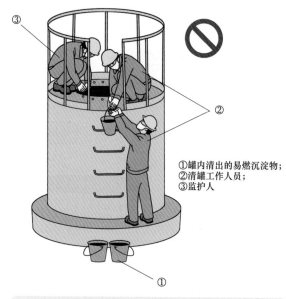

①罐内清出的易燃沉淀物；
②清罐工作人员；
③监护人

禁止存放易燃易爆品未清理干净未置换前时动火

5.2　禁止动火条件

5.2.1　油船、油车停靠区域。

5.2.2　压力容器或管道未泄压前。

5.2.3　存放易燃易爆物品的容器未清理干净，或未进行有效置换前。

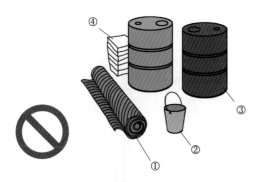

①易燃卷材，如塑料、彩条布、棉布；
②盛装易燃化工品的容器内有残留时；
③有易燃化工品盛装桶，包括防腐用不饱和树脂、固化剂、
　抗氧化剂、各种燃油、各类油漆及高分子材料；
④易燃成型材料，包括苯板、木材植物茎秆类制品等

**禁止周围有易燃易爆品未清理
或无有效安全措施时动火**

大风五级

五级以上大风露天作业的危险：
· 大风作业易使火种飘移失控引起火灾；
· 大风作业易使作业场地布置被风力移
　动位置影响作业；
· 大风使高处作业人员行动受影响

禁止风力达五级以上的露天动火作业

5.2.4　作业现场附近堆有易燃易爆物品，未做彻底清理或者未采取有效安全措施前。

5.2.5　风力达五级以上的露天动火作业。

①防腐施工配制易燃防腐涂料;
②用易燃防腐涂料进行防腐作业

禁止有与明火相抵触的工种在作业时动火

①配电箱;
②开关烧毁, 出现火险异常;
③开关烧焦后冒出的烟雾;
④检查人员

禁止有火险异常未查明原因时的动火作业

5.2.6 附近有与明火作业相抵触的工种在作业。

5.2.7 遇有火险异常情况未查明原因和消除前。

①动火作业器材；
②正运行中的电动机

禁止带电设备未停电前的动火作业

①动火监护人员；
②动火作业人员

禁止雷雨天气时的动火作业

5.2.8 带电设备未停电前。

5.2.9 按国家和政府部门有关规定必须禁止动用明火的。

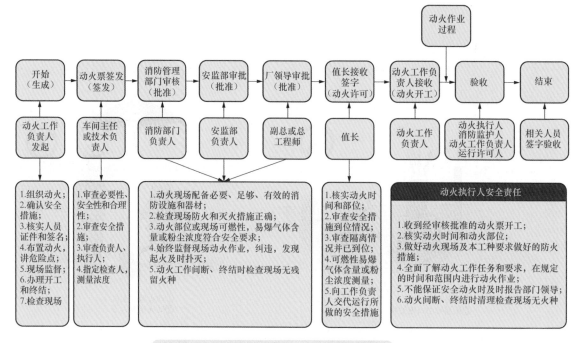

一级动火工作票办理程序（以某电厂举例）

注：1. 提前 8h 办理，24h（一天）内有效；

2. 必要时向当地公安部门提出申请，在动火作业前到现场进行消防安全检查和指导工作；

3. 分管生产的领导或总工程师填写允许动火时间。

5.3 动火安全组织措施

5.3.1 动火作业应落实动火安全组织措施，动火安全组织措施应包括动火工作票、工作许可、监护、间断和终结等措施。

5.3.2 在一级动火区进行动火作业必须使用一级动火工作票，在二级动火区进行动火作业必须使用二级动火工作票。

5.3.3 发电单位一级动火工作票可使用附录 A 样张，电网经营单位一级动火工作票可使用附录 B 样张，二级动火工作票可使用附录 C 样张。

5.3.4 动火工作票应由动火工作负责人填写。动火工作票签发人不准兼任该项工作的工作负责人。动火工作票的审批人、消防监护人不准签发动火工作票。一级动火工作票一般应提前 8h 办理。

5.3.5 动火工作票至少一式三份。一级动火工作票一份由工作负责人收执，一份由动火执行人收执，另一份由发电单位保存在单位安监部门、电网经营单位保存在动火部门（车间）。二级动火工作票一份由工作负责人收执，一份由动火执行人收执，一份保存在动火部门（车间）。若动火工作与运行有关时，还应增加一份交运行人员收执。

5.3.6 动火工作票的审批应符合下列要求。

(1) 一级动火工作票：

1）发电单位：由申请动火部门（车间）负责人或技术负责人签发，单位消防管理部门和安监部门负责人审核，单位分管生产的领导或总工程师批准，包括填写批准动火时间和签名。

2）电网经营单位：由申请动火班组班长或班组技术负责人签发，动火部门（车间）消防管理负责人和安监负责人审核，动火部门（车间）负责人或技术负责人批准，包括填写批准动火时间和签名。

3）必要时应向当地公安消防部门提出申请，在动火作业前到现场进行消防安全检查和指导工作。

② 二级动火工作票由申请动火班组班长或班组技术负责人签发，动火部门（车间）安监人员审核，动火部门（车间）负责人或技术负责人批准，包括填写批准动火时间和签名。

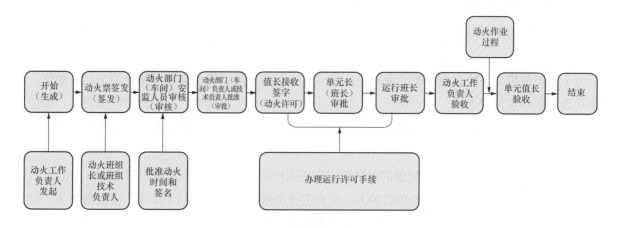

二级动火工作票办理程序
（以某电厂举例，由动火安监部门填写动火时间）

注：提前 8h 办理，有效期为 120h（五天）。

5.3.7　动火工作票经批准后，允许实施动火条件。

① 与运行设备有关的动火工作必须办理运行许可手续。在满足运行部门可动火条件，运行许可人在动火工作票填写许可动火时间和签名，完成运行许可手续。

② 一级动火。

1）发电单位：在检查应配备的消防设施和采取的消防措施、安全措施已符合要求，可燃性、易爆气体含量或粉尘浓度合格，动火执行人、消防监护人、动火工作负责人、动火部门负责人、单位安监部门负责人、单位分管生产领导或总工程师分别在动火工作票签名确认，并由单位分管生产领导或总工程师填写允许动火时间。

2）电网经营单位：在检查应配备的消防设施和采取的消防措施、安全措施已符合要求，可燃性、易爆气体含量合格，动火执行人、消防监护人、动火工作负责人、动火部门（车间）安监负责人、动火部门（车间）负责人或技术负责人分别在动火工作票签名确认，并由动火部门（车间）负责人或技术负责人填写允许动火时间。

③ 二级动火：在检查应配备的消防设施和采取的消防措施、安全措施已符合要求，可燃性、易爆气体含量或粉尘浓度合格后，动火执行人、消防监护人、动火工作负责人、动火部门（车间）安监人员分别签名确认，并由动火部门（车间）安监人员填写允许动火时间。

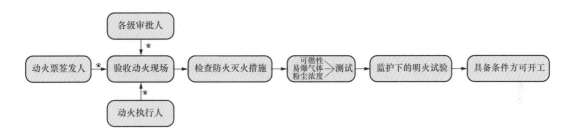

测量项目（空气中）	爆炸极限	合格值
氢气	4.0% ～ 75%	< 0.4%
原（柴）油	0.5% ～ 1.1%	< 0.2%
煤粉尘	30 ～ 120g/m³	< 20g/m³

一级动火首次动火前必须开展的工作

注：依据中国大唐集团公司 Q/CDT 21402001—2017《工作票、操作票使用和管理标准》。

一级和二级动火作业监护

5.3.8　动火作业的监护，应符合下列要求：

① 一级动火时，消防监护人、工作负责人、动火部门（车间）安监人员必须始终在现场监护。

② 二级动火时，消防监护人、工作负责人必须始终在现场监护。

③ 一级动火在首次动火前，各级审批人和动火工作票签发人均应到现场检查防火、灭火措施正确、完备，需要检测可燃性、易爆气体含量或粉尘浓度的检测值应合格，并在监护下做明火试验，满足可动火条件后方可动火。

④ 消防监护人应由本单位专职消防员或志愿消防员担任。

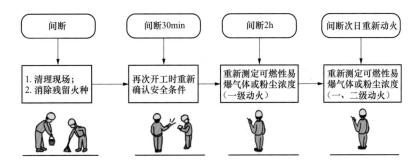

动火间断（在执行人、监护人离开现场的几种情况下）

5.3.9 动火作业间断，应符合下列要求：

① 动火作业间断，动火执行人、监护人离开前，应清理现场，消除残留火种。

② 动火执行人、监护人同时离开作业现场，间断时间超过 30min，继续动火前，动火执行人、监护人应重新确认安全条件。

③ 一级动火作业，间断时间超过 2.0h，继续动火前，应重新测定可燃性、易爆气体含量或粉尘浓度，合格后方可重新动火。

④ 一级、二级动火作业，在次日动火前必须重新测定可燃性、易爆气体含量或粉尘浓度，合格后方可重新动火。

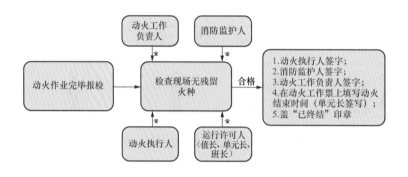

动火工作票终结程序

5.3.10 动火作业终结，应符合下列要求：

① 动火作业完毕，动火执行人、消防监护人、动火工作负责人应检查现场无残留火种等，确认安全后，在动火工作票上填明动火工作结束时间，经各方签名，盖"已终结"印章，动火工作告终结。若动火工作经运行许可的，则运行许可人也要参与现场检查和结束签字。

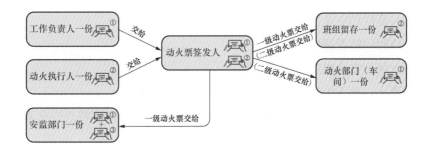

动火作业终结后工作票的留存

② 动火作业终结后工作负责人、动火执行人的动火工作票应交给动火工作票签发人。发电单位一级动火一份留存班组，一份交单位安监部门；二级动火一份留存班组，一份交动火部门（车间）。电网经营单位一份留存班组，一份交动火部门（车间）。动火工作票保存三个月。

5.3.11 动火工作票所列人员的主要安全责任：

① 各级审批人员及工作票签发人主要安全责任应包括下列内容：

　　1）审查工作的必要性和安全性。

　　2）审查申请工作时间的合理性。

　　3）审查工作票上所列安全措施正确、完备。

　　4）审查工作负责人、动火执行人符合要求。

　　5）指定专人测定动火部位或现场可燃性、易爆气体含量或粉尘浓度符合安全要求。

② 工作负责人主要安全责任应包括下列内容：

　　1）正确安全地组织动火工作。

　　2）确认动火安全措施正确、完备，符合现场实际条件，必要时进行补充。

　　3）核实动火执行人持允许进行焊接与热切割作业的有效证件，督促其在动火工作票上签名。

　　4）向有关人员布置动火工作，交代危险因素、防火和灭火措施。

　　5）始终监督现场动火工作。

　　6）办理动火工作票开工和终结手续。

　　7）动火工作间断、终结时检查现场无残留火种。

③ 运行许可人主要安全责任应包括下列内容：

　　1）核实动火工作时间、部位。

2）工作票所列有关安全措施正确、完备，符合现场条件。

3）动火设备与运行设备确已隔绝，完成相应安全措施。

4）向工作负责人交代运行所做的安全措施。

④ 消防监护人主要安全责任应包括下列内容：

1）动火现场配备必要、足够、有效的消防设施、器材。

2）检查现场防火和灭火措施正确、完备。

3）动火部位或现场可燃性、易爆气体含量或粉尘浓度符合安全要求。

4）始终监督现场动火作业，发现违章立即制止，发现起火及时扑救。

5）动火工作间断、终结时检查现场无残留火种。

⑤ 动火执行人主要安全责任应包括下列内容：

1）在动火前必须收到经审核批准且允许动火的动火工作票。

2）核实动火时间、动火部位。

3）做好动火现场及本工种要求做好的防火措施。

4）全面了解动火工作任务和要求，在规定的时间、范围内进行动火作业。

5）发现不能保证动火安全时应停止动火，并报告部门（车间）领导。

6）动火工作间断、终结时清理并检查现场无残留火种。

5.3.12　一、二级动火工作票签发人、工作负责人应进行本规程等制度的培训，并经考试合格。动火工作票签发人由单位分管领导或总工程师批准，动火工作负责人由部门（车间）领导批准。动火执行人必须持政府有关部门颁发的允许电焊与热切割作业的有效证件。

5.3.13　动火工作票应用钢笔或圆珠笔填写，内容应正确清晰，不应任意涂改，如有个别错、漏字需要修改，应字迹清楚，并经签发人审核签字确认。

5.3.14　非本单位人员到生产区域内动火工作时，动火工作票由本单位签发和审批。承发包工程中，动火工作票可实行双方签发形式，但应符合第 5.3.12 条要求和由本单位审批。

5.3.15　一级动火工作票的有效期为 24h（1 天），二级动火工作票的有效期为 120h（5 天）。必须在批准的有效期内进行动火工作，需延期时应重新办理动火工作票。

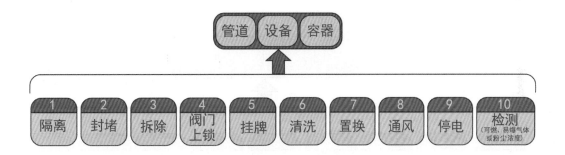

动火安全技术措施种类

5.4 动火安全技术措施

5.4.1 动火作业应落实动火安全技术措施，动火安全技术措施应包括对管道、设备、容器等的隔离、封堵、拆除、阀门上锁、挂牌、清洗、置换、通风、停电及检测可燃性、易爆气体含量或粉尘浓度等措施。

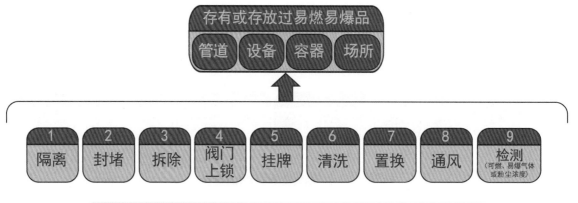

对存有或存放过易燃易爆品的容器、设备、管道或场所动火前采取的措施

5.4.2 凡对存有或存放过易燃易爆物品的容器、设备、管道或场所进行动火作业，在动火前应将其与生产系统可靠隔离、封堵或拆除，与生产系统直接相连的阀门应上锁挂牌，并进行清洗、置换，经检测可燃性、易爆气体含量或粉尘浓度合格后，方可动火作业。

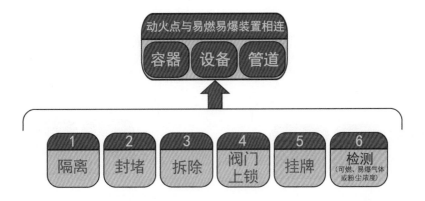

动火点与易燃易爆装置相连

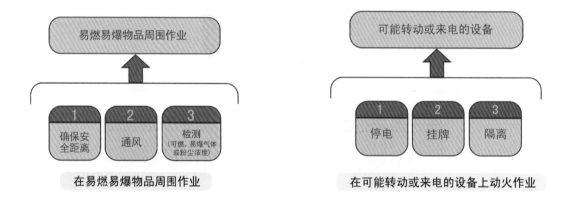

在易燃易爆物品周围作业

在可能转动或来电的设备上动火作业

5.4.4　在易燃易爆物品周围进行动火作业，应保持足够的安全距离，确保通排风良好，使可能泄漏的气体能顺畅排走，如有必要，检测动火场所可燃气体含量应合格。

5.4.5　在可能转动或来电的设备上进行动火作业，应事先做好停电、隔离等确保安全的措施。

处于运行状态的生产区域或危险区域动火

5.4.6 处于运行状态的生产区域或危险区域，凡能拆移的动火部件，应拆移到安全地点动火。

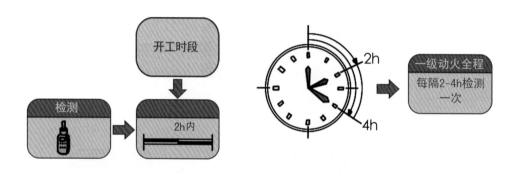

可燃、易爆气体含量和粉尘浓度的检测

5.4.7 动火前可燃性、易爆气体含量或粉尘浓度检测的时间距动火作业开始时间不应超过 2.0h。可将检测可燃性、易爆气体含量或粉尘浓度含量的设备放置在动火作业现场进行实时监测。

5.4.8 一级动火作业过程中，应每间隔 2.0h ~ 4.0h 检测动火现场可燃性、易爆气体含量或粉尘浓度是否合格，当发现不合格或异常升高时应立即停止动火，在未查明原因或排除险情前不得重新动火。

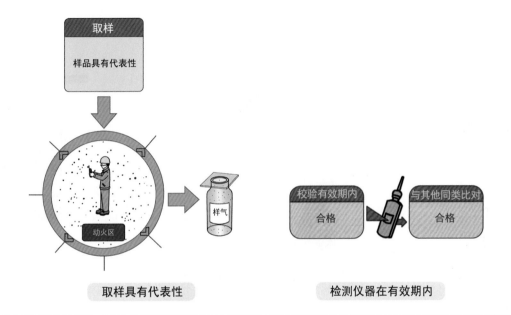

取样具有代表性　　　检测仪器在有效期内

5.4.9　用于检测气体或粉尘浓度的检测仪应在校验有效期内，并在每次使用前与其他同类型检测仪进行比对检查，以确定其处于完好状态。

5.4.10　气体或粉尘浓度检测的部位和所采集的样品应具有代表性，必要时分析的样品应留存到动火结束。

清扫

通风

↑至废气收集系统

储罐

置换

喷雾降尘

洒水润湿

苫盖隔离

①动火人员；
②接火盆；
③动火监护人

动火作业前清除动火作业现场、周围及上、下方的易燃易爆物品

高处动火应采取防止火花溅落的措施

5.5 一般动火安全措施

5.5.1 动火作业前应清除动火现场、周围及上、下方的易燃易爆物品。

5.5.2 高处动火应采取防止火花溅落措施，并应在火花可能溅落的部位安排监护人。

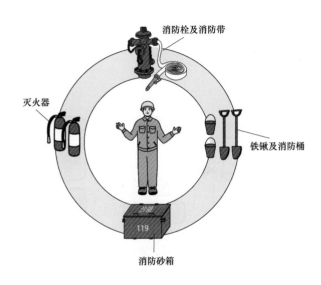

动火作业现场应配备足够、适用、有效的灭火器材

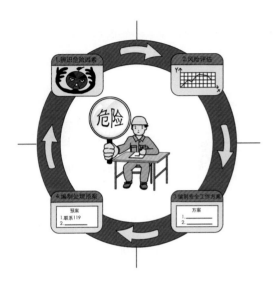

辨识危险因素

5.5.3 动火作业现场应配备足够、适用、有效的灭火设施、器材。

5.5.4 必要时应辨识危害因素，进行风险评估，编制安全工作方案及火灾现场处置预案。

5.5.5 各级人员发现动火现场消防安全措施不完善、不正确，或在动火工作过程中发现有危险或有违反规定现象时，应立即阻止动火工作，并报告消防管理或安监部门。

6 发电厂和变电站一般消防

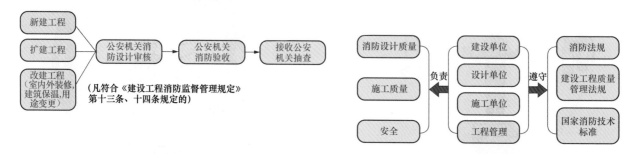

建设工程消防设计审核、竣工验收、备案及备查　　　　建设工程和项目各参加单位应遵守的依据

6.1 一般规定

6.1.1 按照国家工程建设消防标准需要进行消防设计的新建、扩建、改建（含室内外装修、建筑保温、用途变更）工程，建设单位应当依法申请建设工程消防设计审核、消防验收，依法办理消防设计和竣工验收消防备案手续并接受抽查。

6.1.2 建设工程或项目的建设、设计、施工、工程监理等单位应当遵守消防法规、建设工程质量管理法规和国家消防技术标准，应对建设工程消防设计、施工质量和安全负责。

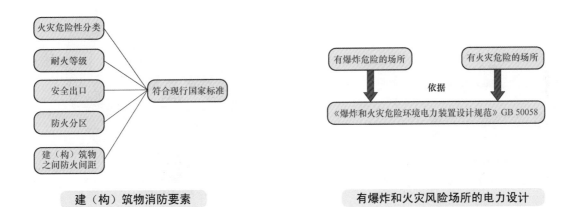

建（构）筑物消防要素　　　　　有爆炸和火灾风险场所的电力设计

6.1.3　建（构）筑物的火灾危险性分类、耐火等级、安全出口、防火分区和建（构）筑物之间的防火间距，应符合现行国家标准的有关规定。

6.1.4　有爆炸和火灾危险场所的电力设计，应符合现行国家标准《爆炸和火灾危险环境电力装置设计规范》GB 50058 的有关规定。

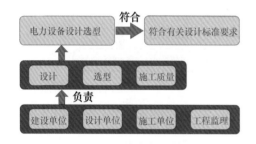

电力设备设计选型要求

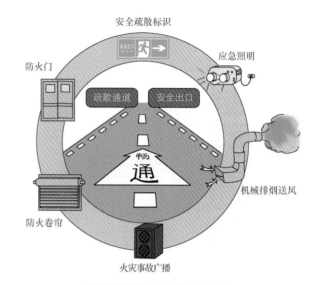

疏散通道及安全出口畅通

6.1.5 电力设备，包括电缆的设计、选型必须符合有关设计标准要求。建设、设计、施工、工程监理等单位对电力设备的设计、选型及施工质量的有关部分负责。

6.1.6 疏散通道、安全出口应保持畅通，并设置符合规定的消防安全疏散指示标志和应急照明设施。保持防火门、防火卷帘、消防安全疏散指示标志、应急照明、机械排烟送风、火灾事故广播等设施处于正常状态。

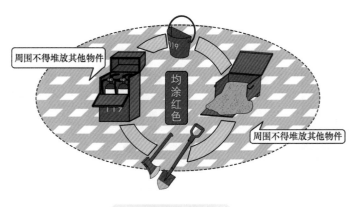

消防器材应涂红色

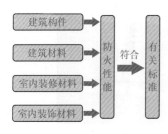

建筑构件、材料和室内装修装饰
材料的防火性能

6.1.7 消防设施周围不得堆放其他物件。消防用砂应保持足量和干燥。灭火器箱、消防砂箱、消防桶和消防铲、斧把上应涂红色。

6.1.8 建筑构件、材料和室内装修、装饰材料的防火性能必须符合有关标准的要求。

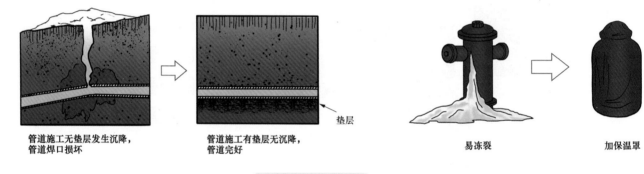

管道施工无垫层发生沉降，
管道焊口损坏

管道施工有垫层无沉降，
管道完好

垫层

易冻裂

加保温罩

寒冷地区消防系统

6.1.9 寒冷地区容易冻结和可能出沉降地区的消防水系统等设施应有防冻和防沉降措施。

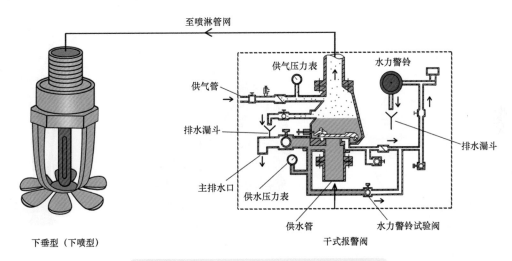

至喷淋管网

供气压力表

水力警铃

供气管

排水漏斗

排水漏斗

主排水口

供水压力表

供水管

水力警铃试验阀

下垂型（下喷型）

干式报警阀

寒冷地区非采暖建筑内的干式消火栓给水系统

注：玻璃球洒水喷头适用于寒冷和高温场所。干式报警阀后管路内无水，充满
压缩空气，不怕冻结，不怕环境温度高，适用于环境温度低于4℃或高于
70℃的建筑物和场所。干式报警阀阀体及来水管路采取防冻措施。

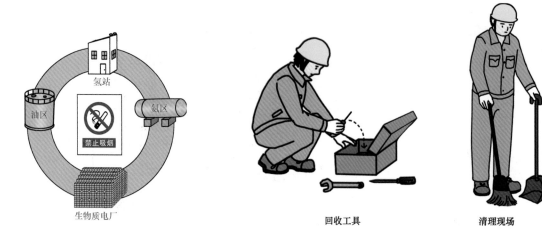

氢站

油区

氦区

禁止吸烟

生物质电厂

回收工具 清理现场

防火重要部位禁止吸烟并有明显标志 **检修等工作间断或结束时应检查和清理现场**

6.1.10 防火重点部位禁止吸烟，并应有明显标志。

6.1.11 检修等工作间断或结束时应检查和清理现场，消除火灾隐患。

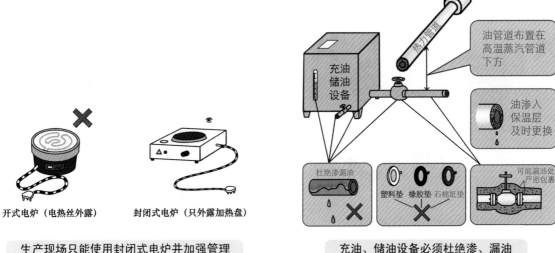

开式电炉（电热丝外露）　封闭式电炉（只外露加热盘）

生产现场只能使用封闭式电炉并加强管理

油管道布置在高温蒸汽管道下方

油渗入保温层及时更换

杜绝渗漏油

塑料垫　橡胶垫　石棉纸垫

可能漏油处严密包裹

热力管道

充油储油设备

充油、储油设备必须杜绝渗、漏油

6.1.12　生产现场需使用电炉必须经消防管理部门批准，且只能使用封闭式电炉，并加强管理。

6.1.13　充油、储油设备必须杜绝渗、漏油。油管道连接应牢固严密，禁止使用塑料垫、橡皮垫（包括耐油橡皮垫）和石棉纸垫。油管道的阀门、法兰及其他可能漏油处的热管道外面应包敷严密的保温层，保温层表面应装设金属保护层。当油渗入保温层时应及时更换。油管道应布置在高温蒸汽管道的下方。

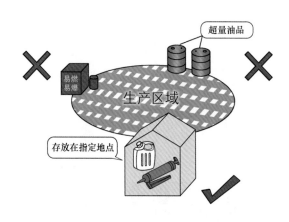

生产现场禁止存放易燃易爆物品

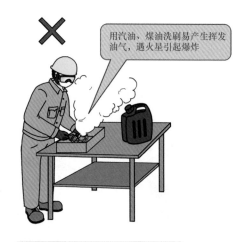

不宜用汽油洗刷机件和设备

6.1.14　排水沟、电缆沟、管沟等沟坑内不应有积油。

6.1.15　生产现场禁止存放易燃易爆物品。生产现场禁止存放超过规定数量的油类。运行中所需的小量润滑油和日常使用的油壶、油枪等，必须存放在指定地点的储藏室内。

6.1.16　不宜用汽油洗刷机件和设备。不宜用汽油、煤油洗手。

废油回收处理　　　　　　　　擦拭材料放入带盖的铁箱

6.1.17　各类废油应倒入指定的容器内，并定期回收处理，严禁随意倾倒。

6.1.18　生产现场应备有带盖的铁箱，以便放置擦拭材料，并定期清除。严禁乱扔擦拭材料。

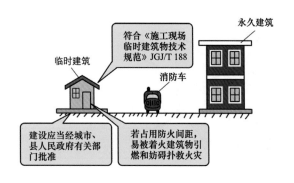

临时建筑不得占用防火间距

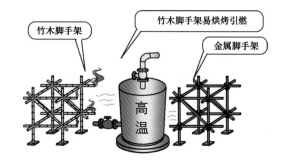

在高温设备及管道附近宜摆设金属脚手架

6.1.19　临时建筑应符合国家有关法规。临时建筑不得占用防火间距。

6.1.20　在高温设备及管道附近宜搭建金属脚手架。

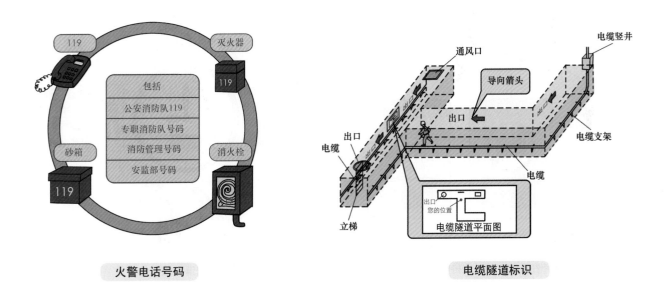

火警电话号码

电缆隧道标识

6.1.21 生产场所的电话机近旁和灭火器箱、消防栓箱应印有火警电话号码。

6.1.22 电缆隧道内应设置指向最近安全出口处的导向箭头，主隧道、各分支拐弯处醒目位置装设整个电缆隧道平面示意图，并在示意图上标注所处位置及各出入口位置。

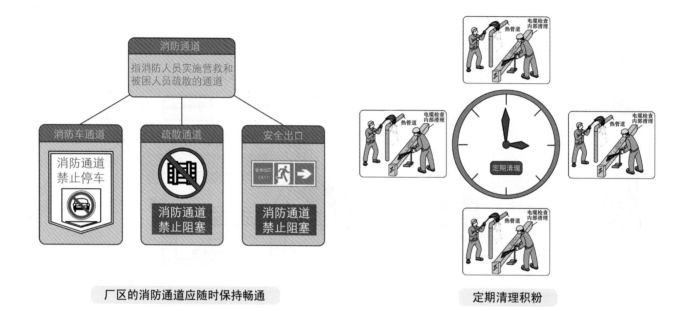

厂区的消防通道应随时保持畅通

定期清理积粉

6.1.23 发电厂还应符合下列要求：

① 厂区的消防通道应随时保持畅通。

② 生产现场不应漏煤粉。对热管道、电缆等部位的积粉，应制定清扫周期，定期清理积粉。

6.1.24 变电站还应符合下列要求：

① 无人值班变电站火灾自动报警系统信号的接入应符合本规程第 6.3.8 条的规定。

② 无人值班变电站宜设置视频监控系统，火灾自动报警系统宜和视频监控系统联动，视频信号的接入场所按本规程第 6.3.8 条的规定采用。

③ 无人值班变电站应在入口处和主要通道处设置移动式灭火器。

④ 地下变电站内采暖区域严禁采用明火取暖。

⑤ 电气设备间设置的排烟设施，应符合国家标准的规定。

⑥ 火灾发生时，送排风系统和空调系统应能自动停止运行。当采用气体灭火系统时，穿过防护区的通风或空调风道上的防火阀应能自动关闭。

⑦ 室内消火栓应采用单栓消火栓。确有困难时可采用双栓消火栓，但必须为双阀双出口型。

6.1.25 换流站还应符合下列要求：

① 500kV 及以上换流变压器应设置火灾自动报警系统和固定自动灭火系统。其他电气设备及建筑物消防设施应符合现行国家标准《火力发电厂与变电站设计防火规范》GB 50229 的有关规定。

② 换流阀厅内宜设置多种形式的火灾探测器组合并与遥视系统联动将信号接入自动化控制系统。

③ 充分利用阀厅等设备停电检修期，对易发生放电和漏水的设备、元件、接头等进行重点检查及处理，按相关标准要求进行必要的试验，避免运行中出现设备过热、放电、漏水等现象。

④ 500kV 换流阀或阀厅火灾时，应自动切断空调通风设备电源，并关闭通风机，使阀厅的大气

压力与外界大气压力相等。

6.1.26　开关站还应符合下列要求：

①　开关站消防灭火设施应符合现行国家标准《火力发电厂与变电站设计防火规范》GB 50229 的有关规定。

②　有人值班或具有信号远传功能的开关站应装设火灾自动报警系统。装设火灾报警系统时，要求同变电站。

③　发生火灾时，应能自动切断空调通风系统以及与排烟无关的通风系统电源。

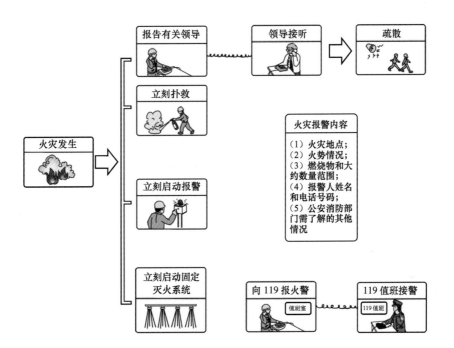

报告有关领导

领导接听

疏散

立刻扑救

火灾发生

立刻启动报警

火灾报警内容

（1）火灾地点；
（2）火势情况；
（3）燃烧物和大约数量范围；
（4）报警人姓名和电话号码；
（5）公安消防部门需了解的其他情况

立刻启动固定灭火系统

向 119 报火警

值班室

119 值班接警

119 值班

火灾处置

6.2 灭火规则

6.2.1　发生火灾，必须立即扑救并报警，同时快速报告单位有关领导。单位应立即实施灭火和应急疏散预案，及时疏散人员，迅速扑救火灾。设有火灾自动报警、固定灭火系统时，应立即启动报警和灭火。

6.2.2　火灾报警应报告下列内容：

① 火灾地点。

② 火势情况。

③ 燃烧物和大约数量、范围。

④ 报警人姓名及电话号码。

⑤ 公安消防部门需要了解的其他情况。

火灾现场的灭火指挥

6.2.3　消防队未到达火灾现场前，临时灭火指挥人可由下列人员担任：

① 运行设备火灾时由当值值（班）长或调度担任。

② 其他设备火灾时由现场负责人担任。

6.2.4　消防队到达火场时，临时灭火指挥人应立即与消防队负责人取得联系并交代失火设备现状和运行设备状况，然后协助消防队灭火。

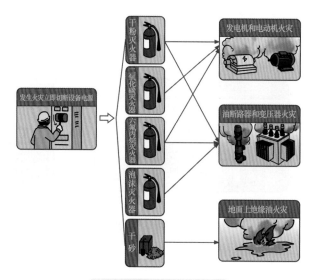

电气设备火灾灭火规则

6.2.5 电气设备发生火灾，应立即切断有关设备电源，然后进行灭火。

对可能带电的电气设备以及发电机、电动机等，应使用干粉、二氧化碳、六氟丙烷等灭火器灭火；对油断路器、变压器在切断电源后可使用干粉、六氟丙烷等灭火器灭火，不能扑灭时再用泡沫灭火器灭火，不得已时可用干砂灭火；地面上的绝缘油着火，应用干砂灭火。

灭火人员佩戴正压呼吸面具

6.2.6 参加灭火人员在灭火的过程中应避免发生次生灾害。

灭火人员在空气流通不畅或可能产生有毒气体的场所灭火时，应使用正压式消防空气呼吸器。

6.3 灭火设施

6.3.1 建（构）筑物、电力设备或场所应按照国家、行业有关规定、标准，及根据实际需要配置必要的、符合要求的消防设施、消防器材及正压式消防空气呼吸器，并做好日常管理，确保完好有效。

6.3.2 消防设施应处于正常工作状态。不得损坏、挪用或者擅自拆除、停用消防设施、器材。消防设施出现故障，应及时通知单位有关部门，尽快组织修复。因工作需要临时停用消防设施或移动消防器材的，应采取临时措施和事先报告单位消防管理部门，并得到本单位消防安全责任人的批准，工作完毕后应及时恢复。

6.3.3 消防设施在管理上应等同于主设备，包括维护、保养、检修、更新，落实相关所需资金等。

6.3.4 新建、扩建和改建工程或项目，需要设置消防设施的，消防设施与主体设备或项目应同时设计、同时施工、同时投入生产或使用，并通过消防验收。

6.3.5 消防设施、器材应选用符合国家标准或行业标准并经强制性产品认证合格的产品。使用尚未制定国家标准、行业标准的消防产品，应当选用经技术鉴定合格的消防产品。

6.3.6 建筑消防设施的值班、巡查、检测、维修、保养、建档等工作，应符合现行国家标准《建筑消防设施的维护管理》GB 25201 的有关规定。定期检测、保养和维修，应委托有消防设备专业检测及维护资质的单位进行，其应出具有关记录和报告。

6.3.7 灭火器设置应符合现行国家标准《建筑灭火器配置设计规范》GB 50140 及灭火器制造厂的规定和要求。环境条件不能满足时，应采取相应的防冻、防潮、防腐蚀、防高温等保护措施。

6.3.8　火灾自动报警系统应接入本单位或上级 24h 有人值守的消防监控场所，并有声光警示功能。

6.3.9　火灾自动报警系统还应符合下列要求：

（1）应具备防强磁场干扰措施，在户外安装的设备应有防雷、防水、防腐蚀措施。

（2）火灾自动报警系统的专用导线或电缆应采用阻燃型屏蔽电缆。

（3）火灾自动报警系统的传输线路应采用穿金属管、经阻燃处理的硬质塑料管或封闭式线槽保护方式布线。

（4）消防联动控制、通信和报警线路采用暗敷设时宜采用金属管或经阻燃处理的硬质塑料管保护，并应敷设在不燃烧体的结构层内，且保护层厚度不宜小于 30mm；当采用明敷设时，应采用金属管或金属线槽保护，并应在金属管或金属线槽上采取防火保护措施。采用经阻燃处理的电缆可不穿金属管保护，但应敷设在有防火保护措施的封闭线槽内。

6.3.10　配电装置室内探测器类型的选择、布置及敷设应符合国家有关标准的要求，探测器的安装部位应便于运行维护。

6.3.11　配电装置室内装有自动灭火系统时，配电装置室应装设 2 个以上独立的探测器。火灾报警探测器宜多类型组合使用。同一配电装置室内 2 个以上探测器同时报警时，可以联动该配电装置室内自动灭火设备。

6.3.12　灭火剂的选用应根据灭火的有效性、对设备、人身和对环境的影响等因素确定。

7 发电厂热机和水力消防

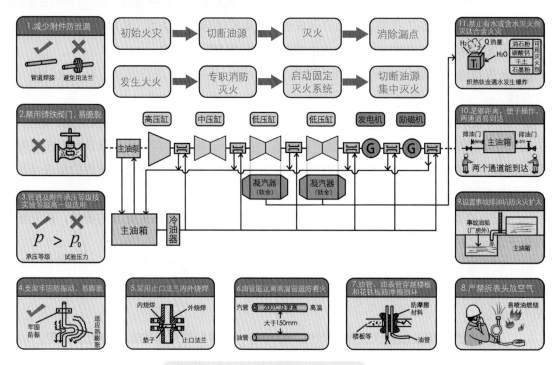

汽轮机油系统火灾风险和火灾处理

7.1 汽轮机、燃气轮机、水轮机和柴油机

7.1.1 汽轮机油系统应避免使用法兰连接，禁止使用铸铁阀门。承压等级应按试验等级高一级选用。

7.1.2 油管道应防止振动，其支架必须牢固可靠，支管根部应能适应热膨胀的要求。

7.1.3 油管道法兰应内外烧焊，机头下部和正对高温蒸汽管道法兰应采用止口法兰。

7.1.4 油管道尽可能远离高温管道，油管道至蒸汽管道保温层外表距离一般应不少于150mm。

7.1.5 对纵横交叉和穿越楼板、花铁板的油管道及油表计管应采取防摩擦破裂措施。

7.1.6 严禁用拆卸油表接头的方法，泄放油系统内的空气。

7.1.7 主油箱应设置事故排油箱（坑），其布置标高和排油管道的设计，应满足事故发生时排油畅通的要求。

7.1.8 事故油箱应设在主厂房外，事故油箱应密封，容积不应小于1台最大机组油系统的油量。

7.1.9 事故排油阀应设两个钢质截止阀，其操作手轮与油箱的距离必须大于5.0m，操作手轮的位置至少应有两个通道能到达，操作手轮不准上锁，应挂有明显的"禁止操作"警示牌。

7.1.10 汽轮机凝汽器冷却管材料用钛合金时，在汽轮机开缸检修时应采取隔离措施。

钛合金制成的凝汽器严禁接触明火，如需要进行明火作业，必须办理动火工作票，做好灌水等安全措施。

着火的钛合金制成的凝汽器严禁用水及泡沫灭火，应用干粉、干沙、石粉进行灭火。

7.1.11 汽轮机油系统在起火初始阶段时，应设法切断油源，立即进行灭火。磷酸酯抗燃油渗入保温

层着火，应消除泄漏点，用二氧化碳或干粉灭火器灭火，不应用水灭火。磷酸酯抗燃油燃烧时会产生有刺激性的气体，灭火人员应正确使用正压式消防空气呼吸器。

7.1.12 汽轮机油系统火灾处理应符合下列要求：

① 立即启动汽轮机油系统固定灭火系统灭火。

② 按事故处理规定，紧急停机。

③ 开启事故排油门。

④ 当发生喷油起火时，要迅速堵住喷油处，改变油方向，使油流不向高温热体喷射，立即用泡沫、干粉灭火器灭火。

⑤ 使用消防水枪进行扑救时，应尽量避免消防水直接喷射高温热体。

⑥ 防止大火蔓延扩大到邻近机组，应组织消防力量用水或泡沫灭火器等将火封住，控制火势，使火无法蔓延。

7.1.13 燃机系统及其附近必须严禁烟火并设"严禁烟火"的警示牌。

7.1.14 禁止与工作无关人员进入燃机系统附近。因工作需要进入时实施登记准入制度，严禁携带火种、禁止穿带铁钉的鞋子，关闭移动通信工具。进入燃机系统前应先消除静电。

7.1.15 燃机系统及其附近进行明火作业或做可能产生火花的工作，必须办理动火工作票。应事先经过可燃气体含量测定。

7.1.16 燃气管道动火安全措施应符合下列要求：

①　将动火管道与系统隔离，关闭所有阀门并上锁。

②　将动火侧管道拆开通大气，非动火的管道侧加堵板。

③　用氮气吹扫干净，经检测数值应合格。

7.1.17　燃气轮机在辅机室、轮机室两室应安装通风机，当燃气轮机正常运行时，辅机室、轮机室两室内不易形成爆炸性的混合物。

7.1.18　燃气轮机与联合循环发电机组厂房应设可燃气体泄漏探测装置，其报警信号应传送到集中火灾报警控制器。

7.1.19　燃气轮发电机组整体，包括燃机外壳和燃气调节室、轴承室、附属模块润滑油和液压油室、液体燃料和雾化空气模块应采用全淹没气体灭火系统，并设置火灾自动报警系统。气体灭火系统应定期检查和试验，保持备用状态，一旦发生火灾能自动投入使用。

7.1.20　燃气轮机发生火灾时，应立即用二氧化碳等灭火装置灭火。如果灭火装置发生故障不能使用时，应使用干粉、二氧化碳灭火器等进行扑救。未断电时，不得使用泡沫灭火器和消防水喷射着火现场。

7.1.21　柴油机的油箱，应装设紧急切断油源的速闭阀及回油快关阀。油箱不应装设在柴油机上方。

7.1.22　柴油机的排气管室内部分，应用不燃烧材料保温。

7.1.23　柴油机曲轴箱宜采用负压排气或离心排气，当采用负压排气时，连接通风管的导管应装设铜丝网阻火器。

7.1.24　柴油机房应设置通风系统。

7.1.25　运行中的柴油机发现轴承发热，应认真检查油温、油压，查明原因，禁止匆忙停车或打开倒门。

7.1.26　燃油、润滑油喷溅到排气管或其他高温物体上起火时，首先应断绝油源，启动固定灭火系统灭火。如果没有固定灭火系统或固定灭火系统故障，应用干粉、泡沫、二氧化碳等灭火器灭火，也可用石棉毯覆盖灭火。

7.1.27　低水头转桨水轮机漏油，检修时应防止桨叶上的漏油燃烧，检修前首先要清除部件上的油迹。

7.1.28　在水涡轮内进行电焊、气割或铲磨等工作时，应做好通风和防火措施，并备有必要的消防器材。

7.1.29　循环水冷却塔停用检修时，应采取防火隔离措施，防止火星溅落引起内部结构燃烧。循环水冷却塔安装施工或检修过程中进行明火作业，必须办理动火工作票。

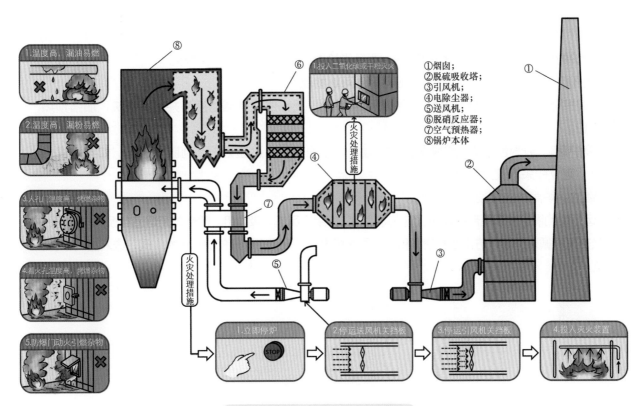

锅炉本体的火灾风险和火灾处理

7.2 锅炉

7.2.1 锅炉的油管、煤粉管等应防止泄漏，要经常检查，发现泄漏，及时消除。

7.2.2 人孔门、看火门、防爆门周围不应有其他可燃物品。

7.2.3 燃油锅炉应保证低负荷时燃油在炉内完全燃烧，严格监视排烟温度，并定期吹灰，加强预热器蒸汽吹扫。

7.2.4 停炉后，应严格监视尾部烟道各点的温度，发现异常，迅速分析，判断其原因。如果温度仍急剧上升，则立即采取灭火措施。

7.2.5 燃油锅炉尾部应装设灭火装置。

7.2.6 运行中的锅炉发现尾部燃烧时，应立即停炉，停用送风机、吸风机。严密关闭烟道挡板、人孔门、看火门及热风再循环门等，防止新鲜空气和烟气漏入炉内。打开灭火装置的进汽（水）阀，送入蒸汽（水）进行灭火。

燃油金属软管着火灭火措施

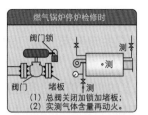

燃气锅炉停炉检修时

阀门锁
测
阀门 堵板 测
(1) 总阀关闭加锁加堵板;
(2) 实测气体含量再动火。

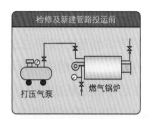

检修及新建管路投运前

打压气泵　燃气锅炉

严密性试验后的管道，
不得再切割或解开法兰螺栓

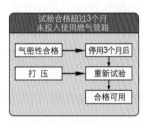

试验合格超过3个月
未投入使用燃气管路

气密性合格 → 停用3个月后

打 压 → 重新试验

合格可用

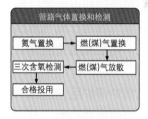

管路气体置换和检测

氮气置换 → 燃(煤)气置换

三次含氧检测 → 燃(煤)气放散

合格投用

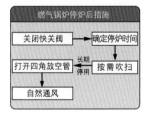

燃气锅炉停炉后措施

关闭快关阀 → 确定停炉时间

打开四角放空管 ──长期── 按需吹扫
　　　　　　　停用

自然通风

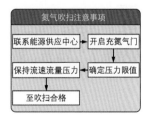

氮气吹扫注意事项

联系能源供应中心 → 开启充氮气门

保持流速流量压力 → 确定压力限值

至吹扫合格

四角排空管取样合格标准

$CO_{浓度}=0$

（依据取样分析要求）

燃油和燃气锅炉消防

7.2.7 燃油金属软管着火时，应切断油源，用泡沫灭火器或黄沙进行灭火。

7.2.8 燃气锅炉停炉检修必须将总进气阀门关闭严密，阀门出口侧加装金属堵板，阀门应加锁。需要动火前，应分别在炉膛、烟道包括再循环烟道通风，实测炉内可燃气体含量合格，方可动火。

7.2.9 凡经检修后（包括新建管路投用前）的燃气管路必须经严密性试验合格后，才可投入运行。

7.2.10 经严密性试验后的燃气管路，不得再进行切割或松动法兰螺栓等，否则应重新进行严密性试验。

7.2.11 已试验合格而超过三个月未投用的燃气管路，在投用前应重新试验。

7.2.12 燃（煤）气管路在氮气置换后再进行燃（煤）气置换，且经一定时间的燃（煤）气放散，然后做含氧量测试，含氧量应先后连续测试三次，均不大于发电企业有关技术标准的规定值即为合格，方可投入使用。

7.2.13 当燃气锅炉停炉后，应及时关闭燃(煤)气快关阀，且根据停炉时间长短，确定管路的吹扫范围。

7.2.14 联系能源供应中心后，开启燃（煤）气母管充氮气门进行管路吹扫，注意保持燃（煤）气母管压力不大于发电企业有关技术标准的规定值。

7.2.15 应经燃气锅炉四角排空管取样门进行取样分析，当一氧化碳浓度达到 0 时，吹扫结束。

7.2.16 燃气锅炉管道动火检修应符合本规程第 7.1.15 条、第 7.1.16 条的规定。

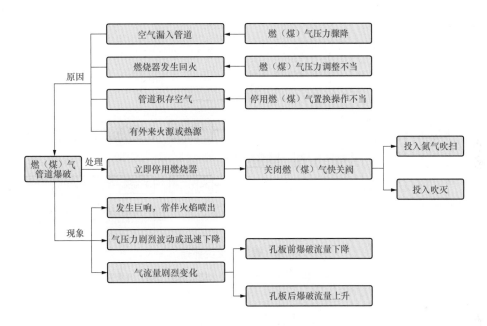

燃（煤）气管道爆破损坏处理

7.2.17 燃（煤）气管道爆破损坏，应立即停用燃烧器，关闭燃（煤）气快关阀，开启相应的氮气吹扫门进行灭火和吹灰。

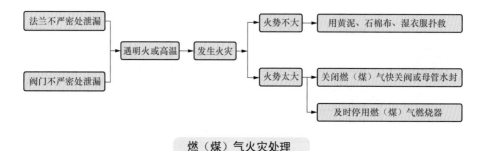

燃（煤）气火灾处理

注：禁止用消防水喷射着火烧红的燃（煤）气管路。

7.2.18　燃（煤）气火灾处理应符合下列要求：

① 如火势不大，可用黄泥、石棉布、湿衣服等进行扑救。

② 如火势太大须关闭燃（煤）气快关阀或母管水封时，应及时先停用燃（煤）气燃烧器，防止发生回火。

③ 禁止用消防水喷射着火烧红的燃（煤）气管路。

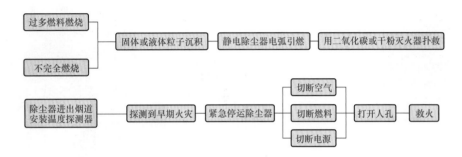

静电除尘器消防

注：变压器—整流器组，应选用高燃点绝缘液或干式的，目的是防止扩大火灾。

7.2.19 静电除尘器应符合下列要求：

① 如锅炉燃烧不完全，灰粒带有炭墨粒子，则当静电除尘器短路产生电弧时就会引燃着火。着火时，应用二氧化碳或干粉灭火器进行扑救。

② 进出烟道应装有温度探测器，当温度异常时，应能向控制室报警。

③ 变压器—整流器组，应选用高燃点绝缘液或干式的。

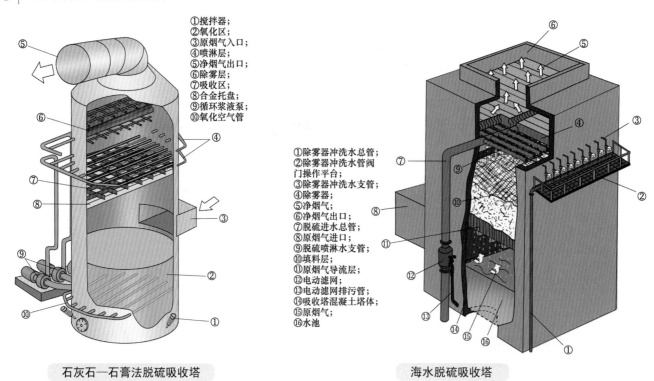

①搅拌器;
②氧化区;
③原烟气入口;
④喷淋层;
⑤净烟气出口;
⑥除雾层;
⑦吸收区;
⑧合金托盘;
⑨循环浆液泵;
⑩氧化空气管

①除雾器冲洗水总管;
②除雾器冲洗水管阀门操作平台;
③除雾器冲洗水支管;
④除雾器;
⑤净烟气;
⑥净烟气出口;
⑦脱硫进水总管;
⑧原烟气进口;
⑨脱硫喷淋水支管;
⑩填料层;
⑪原烟气导流层;
⑫电动滤网;
⑬电动滤网排污管;
⑭吸收塔混凝土塔体;
⑮原烟气;
⑯水池

石灰石—石膏法脱硫吸收塔　　　　　　　　　海水脱硫吸收塔

7.3 脱硫装置

7.3.1　带可燃衬胶内衬的设备内宜搭建金属脚手架。检修、防腐施工作业时，现场应配备足够的灭火器，消防水带敷设到动火作业区，确保消防水随时可用。

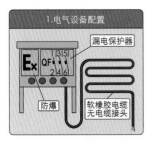

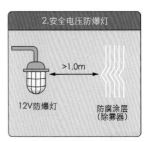

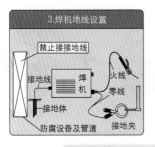

临时动力和照明电源的要求

7.3.2 防腐施工和检修用的临时动力和照明电源应符合下列要求:

① 所有电气设备均应选用防爆型,安装漏电保护器,电源线必须使用软橡胶电缆,不能有接头。

② 检修人员使用电压不超过 12V 防爆灯,灯具距离内部防腐涂层及除雾器 1.0m 以上。

③ 电焊机接地线应设置在防腐区域外并禁止接在防腐设备及管道上。

④ 临时电源在检修结束后,应立即拆除。

苯乙烯 ＋ 对羟基苯磺酸 ＋ 2-甲基乙酸钠
二甲基苯胺
二甲苯

乙烯基树脂　固化剂　促进剂

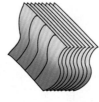

PVC聚氯乙烯　　　　　PP聚丙烯

聚乙烯或聚丙烯

吸收塔鳞片防腐材料消防危险因素辨识　　　脱硫塔除雾器层及填料　　　易燃烧的彩条布

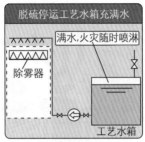

除雾器作业防火措施　　　　　　　脱硫系统停止期间防火措施

7.3.3　除雾器热熔等高温作业应严格控制工作温度，做好冷却和防火措施。除雾器和喷淋系统检修，禁止任何动火作业，严禁携带火种进入作业区域。

7.3.4　脱硫系统停止运行期间，所有带可燃衬胶内衬的设备都应有"严禁烟火"的警告标示牌。脱硫装置工艺水箱应保持充满，除雾器冲洗水应在备用状态。

7.3.5　在所有衬胶、涂磷的防腐设备上进行动火或其他加热等作业，必须严格执行动火工作制度。

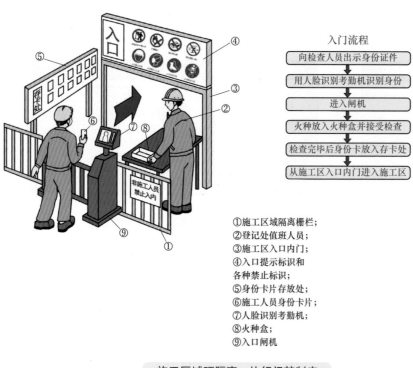

入门流程

向检查人员出示身份证件
↓
用人脸识别考勤机识别身份
↓
进入闸机
↓
火种放入火种盒并接受检查
↓
检查完毕后身份卡放入存卡处
↓
从施工区入口内门进入施工区

①施工区域隔离栅栏；
②登记处值班人员；
③施工区入口内门；
④入口提示标识和
各种禁止标识；
⑤身份卡片存放处；
⑥施工人员身份卡片；
⑦人脸识别考勤机；
⑧火种盒；
⑨入口闸机

施工区域硬隔离，执行门禁制度

①鞋子里；
②裤脚里；
③衣服裤子
口袋里；
④安全帽里；
⑤袜子里

入塔人员火种检查位置

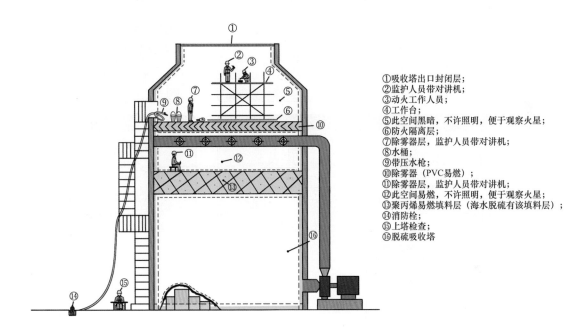

①吸收塔出口封闭层；
②监护人员带对讲机；
③动火工作人员；
④工作台；
⑤此空间黑暗，不许照明，便于观察火星；
⑥防火隔离层；
⑦除雾器层，监护人员带对讲机；
⑧水桶；
⑨带压水枪；
⑩除雾器（PVC易燃）；
⑪除雾器层，监护人员带对讲机；
⑫此空间易燃，不许照明，便于观察火星；
⑬聚丙烯易燃填料层（海水脱硫有该填料层）；
⑭消防栓；
⑮上塔检查；
⑯脱硫吸收塔

海水脱硫吸收塔内动火作业布置举例

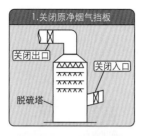

1.关闭原净烟气挡板

关闭出口
关闭入口
脱硫塔

2除雾器冲洗水系统及水源可靠备用

满水,处于备用状态
除雾器
冲洗水
脱硫塔
工艺水箱

3.禁止多个动火点同时开工

禁止多点动火

4.间歇焊接

间歇焊接,防止过热引起火灾

5.大范围动火作业防护措施

冷却焊渣
塔底加水

6.动火专用的可靠隔离措施

隔离措施
关闭出入口挡板
隔绝阀门
封堵管口
焊割区防腐层剥离400mm
防火毯石棉布浇水
除雾器拆除

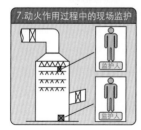

7.动火作用过程中的现场监护

监护人
监护人

脱硫系统防火要求

7.3.6 脱硫系统动火应符合下列要求：

① 关闭原、净烟气挡板门，避免吸收塔内向上抽风形成较大负压。

② 检查确认除雾器冲洗水系统及水源可靠备用。除雾器冲洗水管道进行动火作业时，应进行局部系统隔离，保留其余除雾器冲洗水系统备用。

③ 动火作业只能单点作业，禁止多个动火点同时开工。

④ 焊割作业应采取间歇性工作方式，防止持续高温传热损坏或引燃周边防腐材料。

⑤ 大范围动火作业，吸收塔底部须做好全面防护措施或在底部注入一定高度的水。小范围动火作业可在动火影响区域下部、底部做好防护措施。

⑥ 动火作业时，必须采取可靠的隔离措施，防止火种引燃防腐层、除雾器以及落入相通的防腐烟（管）道内，引起火灾。禁止在相通、相连的设备内进行防腐作业。

⑦ 动火作业过程中，应有专人始终在现场监护。

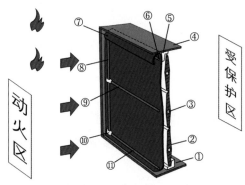

①烟道下底板；
②挡板叶；
③挡板轴；
④烟道上顶板；
⑤密封角铁；
⑥顶部支撑（脚手架杆）；
⑦三防布（严密遮蔽挡板一侧，防火星穿过）；
⑧侧边撑杆（压紧三防布在角落里）；
⑨中部水平撑杆（压紧三防布）；
⑩脚手架扣件；
⑪下部三防布撑杆

侧面的防火隔离

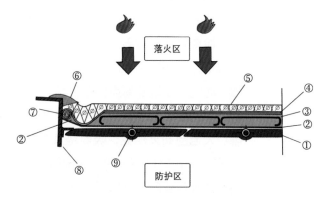

①关闭的水平出口挡板（无此挡板时可搭脚手架平台）；
②镀锌铁皮（覆盖在挡板平面上，防漏火星）；
③钢制跳板（作为承力层，防止高处作业中坠落重物砸塌隔离层）；
④三防布遮蔽层；
⑤硅酸铝针制毯层（覆盖上之后以水淋湿，用于熄灭落下的热焊渣）；
⑥角部接口位置密封（以沙土拌混胶液密封）；
⑦三防布在角落里卷起与侧边压实；
⑧挡板框架；
⑨挡板轴

正上方防火隔离

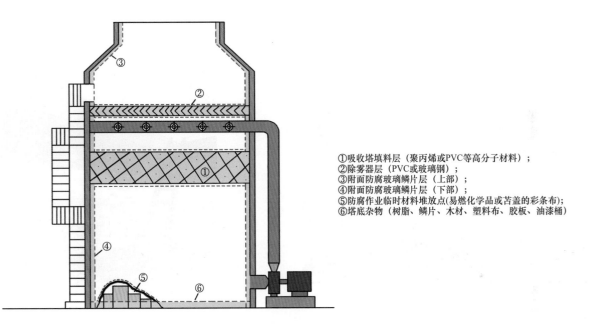

①吸收塔填料层（聚丙烯或PVC等高分子材料）；
②除雾器层（PVC或玻璃钢）；
③附面防腐玻璃鳞片层（上部）；
④附面防腐玻璃鳞片层（下部）；
⑤防腐作业临时材料堆放点(易燃化学品或苫盖的彩条布)；
⑥塔底杂物（树脂、鳞片、木材、塑料布、胶板、油漆桶）

海水脱硫吸收塔动火作业需要监护的易燃区域

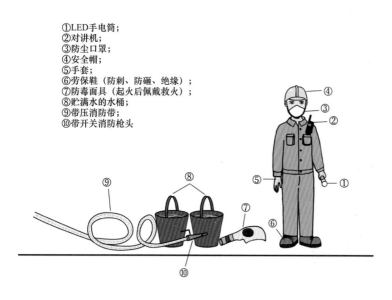

①LED手电筒；
②对讲机；
③防尘口罩；
④安全帽；
⑤手套；
⑥劳保鞋（防刺、防砸、绝缘）；
⑦防毒面具（起火后佩戴救火）；
⑧贮满水的水桶；
⑨带压消防带；
⑩带开关消防枪头

①填料层；
②支撑梁；
③喷嘴；
④喷淋支管；
⑤手电筒；
⑥对讲机；
⑦除雾器层；
⑧上下梯子；
⑨值班平台

海水脱硫吸收塔动火作业除雾器层监护人员配置图

海水脱硫吸收塔动火作业填料层防火监护

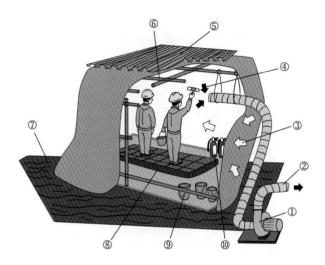

①吸风风机；
②带支撑骨架的排风管；
③新鲜空气入口；
④防腐作业时产生的挥发性气体；
⑤大坡度彩板顶棚（下面是三防布帐篷）；
⑥支撑架；
⑦吸收塔底内部注水层；
⑧防腐作业人员站立平台；
⑨防腐材料；
⑩灭火器

吸收塔动火作业下的防腐作业全遮蔽

①拆掉塔外电源箱向塔内的电缆接点；
②塔内就地电源箱断电；
③塔内施工照明灯开关处于断开位置；
④塔内消防器材；
⑤塔顶各人孔门锁闭；
⑥塔底部各人孔门锁闭；
⑦清点撤出现场的施工人员数量与入塔相同；
⑧塔底贮水层

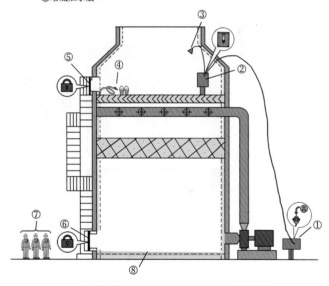

施工结束后吸收塔的隔离和清场

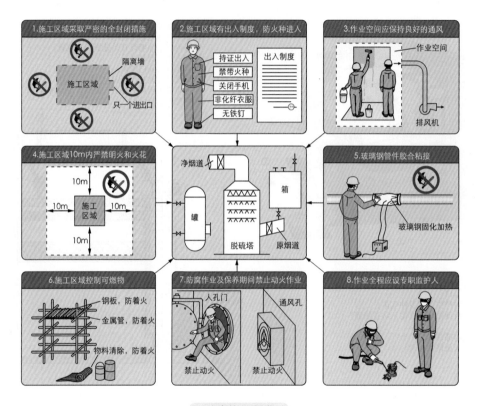

防腐施工要求

7.3.7　脱硫吸收塔、烟道、箱罐内部防腐施工应符合下列要求：

①　施工区域必须采取严密的全封闭措施，设置 1 个出入口，在隔离防护墙四周悬挂"衬胶施工，严禁烟火"等明显的警告标示牌。

②　施工区域必须制定出入制度，所有人员凭证出入，交出火种，关闭随身携带的无线通信设施，不准穿钉有铁掌的鞋和容易产生静电火花的化纤服装。

③　作业空间应保持良好的通风。设置容量足够的换气风机，确保通风良好，减少丁基胶水的发挥分子的积聚。

④　施工区域 10m 范围及其上下空间内严禁出现明火或火花。

⑤　玻璃钢管件胶合黏结采用加热保温方法促进固化时，严禁使用明火。

⑥　施工区域控制可燃物。不得敷设竹跳板。禁止物料堆积，作业用的胶板和胶水，即来即用，人离物尽。

⑦　防腐作业及保养期间，禁止在其相通的吸收塔、烟道、管道，以及开启的人孔、通风孔附近进行动火作业。同时应做好防止火种从这些部位进入防腐施工区域的隔离措施。

⑧　作业全程应设专职监护人，发现火情，立即灭火并停止工作。

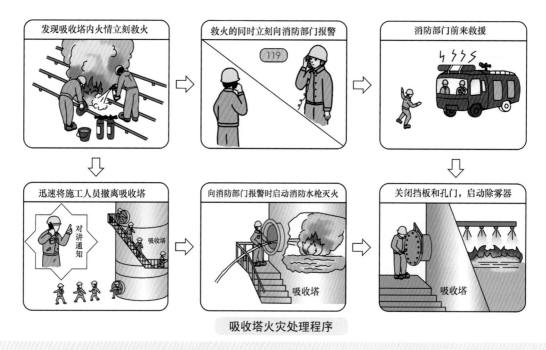

吸收塔火灾处理程序

7.3.8 脱硫吸收塔火灾处理应符合下列要求：

脱硫吸收塔内发生火灾，应立即向消防部门报警，迅速将施工人员撤离吸收塔，用消防水枪进行灭火。消防水枪无法控制火势时，应关闭原、净烟气挡板门、关闭各人孔门，启动除雾器冲洗水水泵，开启除雾器冲洗水进行灭火。

人员接触氨气时的本能反应

氨泄漏冻伤

注：1.轻微冻伤局部皮肤发红发紫，有肿块，触之冰凉，发痒或刺痛，随后出现水泡，破皮或结痂。
2.严重冻伤造成皮肤坏死，溃烂，失去修复功能，甚至截肢。
3.涉氨操作必须戴绝热手套。

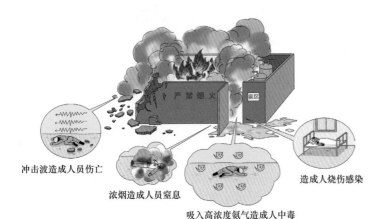

冲击波造成人员伤亡

浓烟造成人员窒息

吸入高浓度氨气造成人中毒

造成人烧伤感染

氨泄漏引起的爆炸

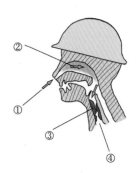

①氨气吸入鼻腔；
②氨进入呼吸道生成氨水，引起声带痉挛，喉头水肿，组织坏死；
③引起气管、支气管损伤，影响呼吸；
④由气管进入肺泡后，影响肺功能，造成全身缺氧

氨气进入呼吸道的危害

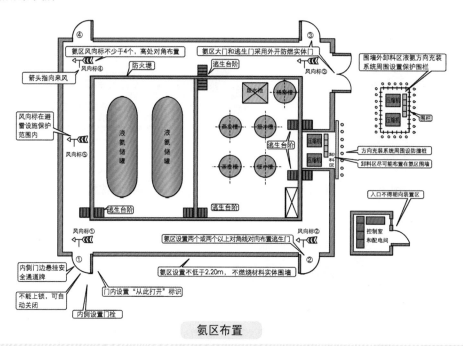

氨区布置

7.4 脱硝装置

7.4.1 储氨区应设置不低于 2.2m 高的不燃烧体实体围墙，并挂有"严禁烟火"等明显的警告标示牌。当利用厂区围墙作为储氨区的围墙时，该段厂区围墙应采用不低于 2.5m 高的不燃烧体实体围墙。入口处应设置人体静电释放器。高处应设置逃生风向标。

1.在《进出氨区记录簿》上登记　2.放静电　3.存放手机和火种　4.看风向

5.测浓度　6.回来交代情况　7.人员进入，做好防护　8.人员出氨区后签写时间

安全进入氨区的程序

7.4.2　氨区出入口门应处于闭锁状态。氨区的出入制度按本规程第 8.3.2 条的规定采用。

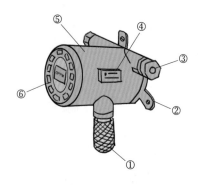

①取样探头；
②固定支架；
③接线导管；
④铭牌；
⑤变送器壳体；
⑥液晶显示屏

壁挂式氨泄漏检测报警仪

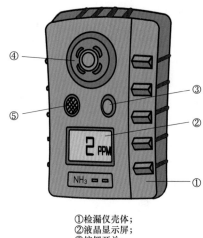

①检漏仪壳体；
②液晶显示屏；
③按钮开关；
④探头窗口；
⑤蜂鸣器

便携式氨气检漏仪（扩散式）

7.4.3　氨区应设氨气泄漏探测器。氨气泄漏探测器的报警信号应接入厂火灾自动报警系统。

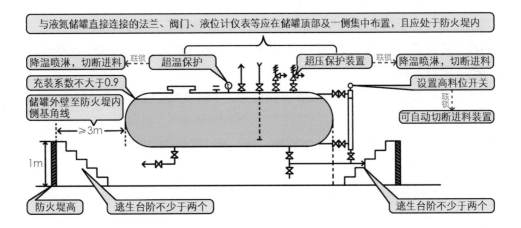

与液氨储罐直接连接的法兰、阀门、液位计仪表等应在储罐顶部及一侧集中布置，且应处于防火堤内

降温喷淋，切断进料　联锁　超温保护

超压保护装置　联锁　降温喷淋，切断进料

充装系数不大于0.9

储罐外壁至防火堤内侧基角线

≥3m

1m

防火堤高

逃生台阶不少于两个

设置高料位开关

联锁

可自动切断进料装置

逃生台阶不少于两个

液氨储罐及防火堤

7.4.4 液氨储罐应设置防火堤，防火堤应符合下列要求：

① 防火堤必须是闭合的。

② 防火堤内有效容积不应小于储罐组内一个最大储罐的容量。

③ 防火堤应设置不少于两处越堤人行踏步或坡道，并应设置在不同方位上。

7.4.5 氨区内应保持清洁，无杂草、无油污，不得储存其他易燃物品和堆放杂物，不得搭建临时建筑。

7.4.6 禁止任何车辆进入氨区。

7.4.7 氨区作业人员必须持证上岗，掌握氨区系统设备，了解氨气的性质和有关防火、防爆的规定。氨区应配备安全防护装置。

7.4.8 卸氨作业时应有专人在现场监护，发现跑、冒、漏立即处理。卸氨中如遇雷雨天气或附近发生火灾，应立即停止卸氨作业。

7.4.9 氨区电力线路必须是电缆或暗线，不准有架空线。用手电筒照明时，应使用防爆电筒。

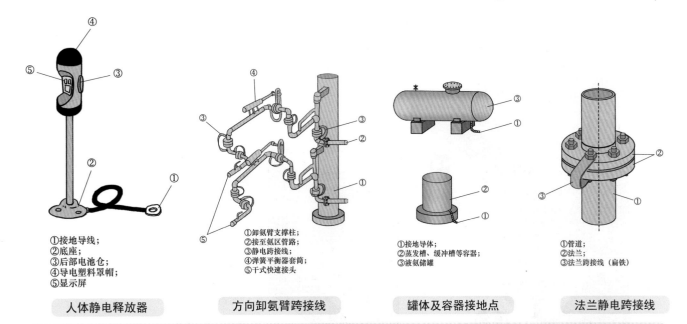

①接地导线；
②底座；
③后部电池仓；
④导电塑料罩帽；
⑤显示屏

①卸氨臂支撑柱；
②接至氨区管路；
③静电跨接线；
④弹簧平衡器套筒；
⑤干式快速接头

①接地导体；
②蒸发槽、缓冲槽等容器；
③液氨储罐

①管道；
②法兰；
③法兰跨接线（扁铁）

| 人体静电释放器 | 方向卸氨臂跨接线 | 罐体及容器接地点 | 法兰静电跨接线 |

7.4.10　氨区应装设独立的避雷针。液氨储罐必须有环形防雷接地。液氨储存、接卸场所的所有金属装置、设备、管道、储罐等都必须进行静电连接并接地。液氨接卸区，应设静电专用接地线。在扶梯进口处，应设置人体静电释放器。

7.4.11　氨区操作和检修应尽量使用有色金属制成的工具。如使用铁制工具时，应采取防止产生火花的措施，例如涂黄油、加铜垫等。

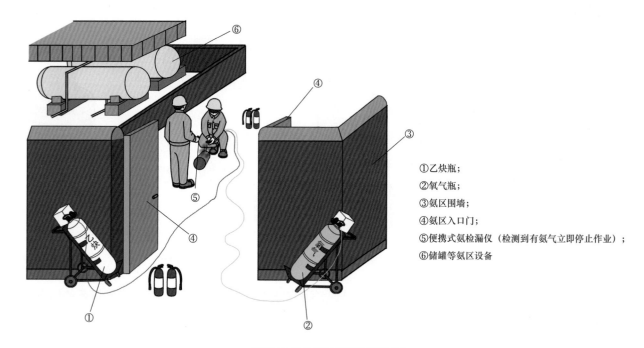

①乙炔瓶;
②氧气瓶;
③氨区围墙;
④氨区入口门;
⑤便携式氨检漏仪（检测到有氨气立即停止作业）;
⑥储罐等氨区设备

氨区现场动火作业的布置

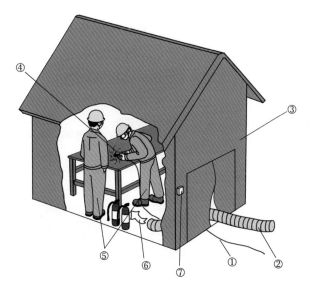

①氨区围墙外引入电缆；

②向封闭作业空间内送风风管，防止空气中残氨进入封闭空间内；

③封闭空间（帐篷）；

④动火作业（以向角砂轮打磨举例）；

⑤作业人员及监护人员；

⑥送入内部的空气；

⑦封闭空间入口处便携氨检漏仪

在氨区内设置封闭的作业空间

7.4.12 液氨法烟气脱硝系统及其附近进行动火作业，必须办理动火工作票。应事先经过氨气含量的测定，检测合格后方可进行动火作业。检修工作结束后，不得留有残火。

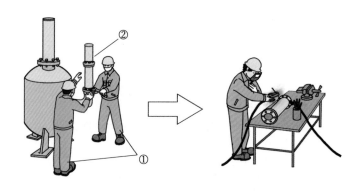

①拆卸氨区内设备的检修人员；
②可拆卸管道或设备

氨区设备拆下来运到氨区之外动火

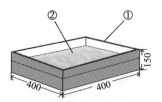

①0.5mm厚钢板；
②硅酸铝针刺毯，用水淋湿，浸泡防溅

接火盆（接火斗）

阻火毯

注：阻火毯又名消防被、灭火被、防火毯、消防毯、逃
生毯等，由纤维状隔热耐火材料制成，柔软有弹性，
有一定的抗拉强度。阻火毯用于遮蔽和包裹物体，
隔绝热。

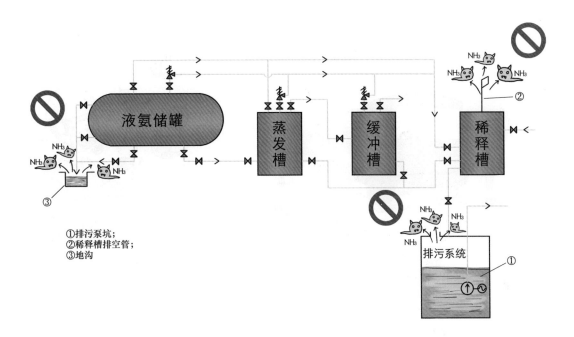

①排污泵坑；
②稀释槽排空管；
③地沟

禁止氨区系统内氨气逸出时动火作业

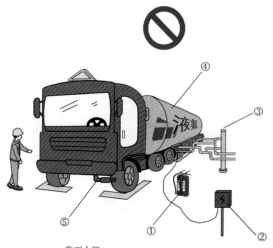

①灭火器；
②智能静电接地报警器；
③方向卸氨臂；
④液氨槽车；
⑤发动机排气筒阻火帽

禁止在接卸液氨时动火

①正压呼吸面罩；
②便携式氨泄漏检测仪

禁止在空气中有残氨时动火

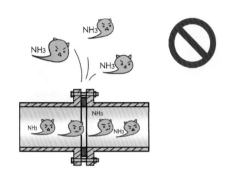

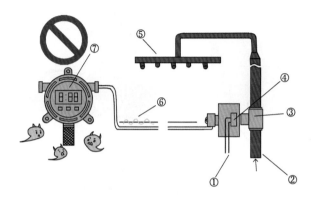

①气动执行器压缩空气风进出气管（无压力不能供气时禁止动火）；
②消防喷淋水进口管；
③消防喷淋水总管进水阀门；
④气动执行器（电磁阀故障时无法动作时禁止动火）；
⑤消防喷淋支管；
⑥氨检漏仪报警和联动喷淋的信号（无法传输时禁止动火）；
⑦氨气检漏仪（故障无法检测时禁止动火）

禁止在管道有漏氨及设备管路有存氨时动火

禁止在氨检漏仪及自动消防喷淋故障时动火

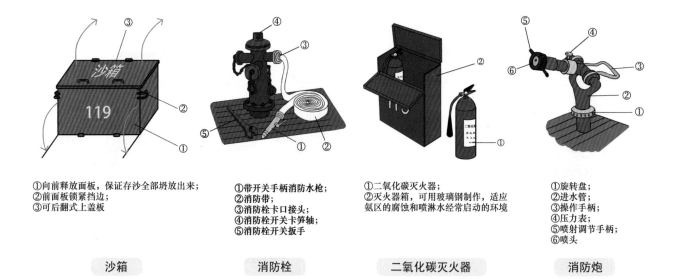

①向前释放面板，保证存沙全部坍放出来；
②前面板锁紧挡边；
③可后翻式上盖板

①带开关手柄消防水枪；
②消防带；
③消防栓卡口接头；
④消防栓开关卡笋轴；
⑤消防栓开关扳手

①二氧化碳灭火器；
②灭火器箱，可用玻璃钢制作，适应
氨区的腐蚀和喷淋水经常启动的环境

①旋转盘；
②进水管；
③操作手柄；
④压力表；
⑤喷射调节手柄；
⑥喷头

沙箱　　　　　**消防栓**　　　　　**二氧化碳灭火器**　　　　　**消防炮**

7.4.13　氨区应设置完善的消防水系统，配备足够数量的灭火器材。氨罐应配置事故消防系统，定期进行检查、试验，处于良好备用状态。氨罐温度高于 40℃时，喷淋降温系统应自动投入，对氨罐进行冷却。

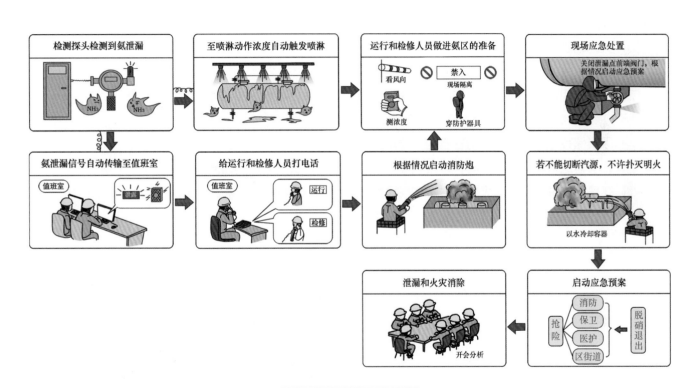

氨区泄漏火灾处理程序

7.4.14 液氨泄漏火灾处理应符合下列要求：

① 关闭输送物料的管道阀门，切断气源。

② 启动事故消防系统，用水稀释、溶解泄漏的氨气。

③ 若不能切断气源，则不允许扑灭正在稳定燃烧的气体，喷水冷却容器。

7.4.15 尿素法烟气脱硝系统动火应符合下列要求：

① 尿素储存仓有尿素时不得在仓内、外壁上动火作业。

② 尿素输送管道动火检修时，必须做好防止管道内残余氨气爆炸的措施。

③ 在热解炉供油系统动火检修时按本规程第 8.3.25 条、第 8.3.27 条、第 8.3.29 条的规定采用。

8 发电厂燃料系统消防

①三防劳保鞋；
②连体服；
③焊工手套；
④围脖；
⑤风镜；
⑥安全帽；
⑦防尘口罩

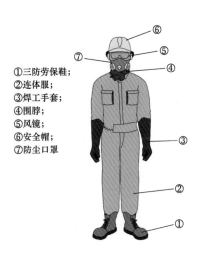

①弹力裤脚；
②弹力袖口；
③魔术贴腰带；
④魔术贴前襟

连体服（无甩帽）

三防鞋
防砸、防刺、绝缘

长臂焊工手套（真皮）

围脖（纯棉、抗静电）

防尘口罩

白色塑扣

护目镜

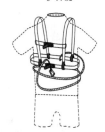

安全带挂绳（在不使用时收起）

注：安全带牢固缠在腰间的目的是防止
　　在地面上拖行被拌卡，防止坐电梯
　　时被电梯夹带引起佩戴者伤亡。

制粉系统管道动火作业个人防护要求

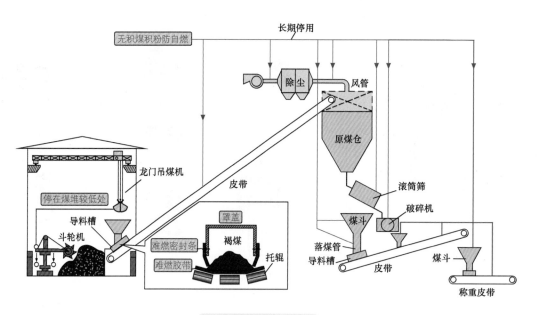

长期停用

无积煤积粉防自燃

除尘　风管

原煤仓

龙门吊煤机

停在煤堆较低处

皮带

滚筒筛

导料槽

罩盖

破碎机

斗轮机

褐煤

煤斗

难燃密封条

落煤管

托辊

导料槽

难燃胶带

皮带

煤斗

称重皮带

运煤设备系统消防

8.1 运煤设备系统、贮煤场

8.1.1 对长期停用的原煤仓、输煤皮带系统，包括煤斗、落煤管和除尘用的通风管的积煤、积粉应清理干净，皮带上不得有存煤，以防积煤、积粉自燃；对长期不用或停运的龙门吊煤机、斗轮机等应尽量停放在煤堆较低处。

8.1.2 燃用褐煤或易自燃的高挥发份煤种的燃煤电厂应采用难燃胶带。导料槽的防尘密封条应采用难燃型。卸煤装置、筒仓、混凝土或金属煤斗、落煤管的内衬应采用不燃材料。

8.1.3 露天贮煤场与建筑物、铁路防火间距应符合表 8.1.3 的规定。

表 8.1.3 露天贮煤场与建筑物、铁路防火间距（m）

建筑物名称	丙、丁、戊类建筑		办公、生活建筑		供氢站、贮氢罐	点火油罐区、贮油罐	露天油库
	耐火等级		耐火等级				
	一、二级	三级	一、二级	三级			
露天卸煤装置或贮煤场	8	10	8	10	15		
			25(褐煤)				

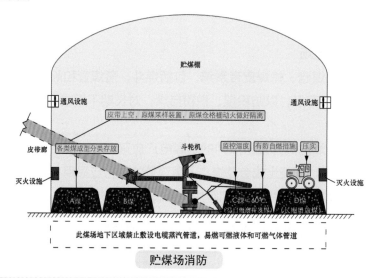

贮煤场消防

8.1.4　贮煤场的地下，禁止敷设电缆、蒸汽管道，易燃、可燃液体及可燃气体管道。

8.1.5　原煤应成型堆放，不同品种的原煤应分类堆放。若需长期堆放的原煤，则应分层压实，时间视地区气温而定。

8.1.6　易自燃的高挥发份煤种的煤不宜长期堆存，必须堆存时，应有防止自燃的措施，并经常检查煤堆内的温度。当温度升高到60℃以上时，应查明原因并立即采取措施。

8.1.7　输煤皮带上空附近、原煤采样装置和原煤仓格栅动火，应做好隔离措施。

8.1.8　封闭式室内贮煤场应设置通风和灭火设施。附在贮煤场内壁上的煤应定期清除。

贮煤场煤堆着火用水灭火

①灭火器瓶组架；
②灭火器瓶组；
③驱动气体瓶组（驱动灭火器瓶组开阀）；
④电磁型驱动装置（打开驱动瓶阀组）；
⑤火灾报警灭火控制器；
⑥集流管（输送各灭火瓶送出的灭火气体）；
⑦放气显示灯；
⑧手动控制盒；
⑨探测器（探测煤炭的燃烧信息）；
⑩喷嘴；
⑪煤堆；
⑫安全阀；
⑬金属软管（导出二氧化碳气体至集流管）；
⑭气瓶称重装置；
⑮灭火器瓶组容器阀（机械应急启动手柄）；
⑯失重报警器（及时称重二氧化碳气体）；
⑰驱动管路

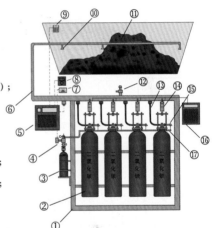

原煤仓着火时的应急处理

皮带着火启动固定灭火系统　　　　　　　　沙土覆盖灭火

8.1.9 贮煤场、皮带、原煤仓火灾处理应符合下列要求:

① 贮煤场煤堆着火用水灭火。

② 皮带着火应立即停止皮带运行,启动固定灭火系统灭火。如果没有固定灭火系统或灭火系统发生故障而不能使用时,用现场灭火器材或用水从着火两端向中间逐渐扑灭,同时可采取阻止火焰蔓延的措施,如在皮带上覆盖砂土等。

③ 原煤仓着火应启动固定灭火系统灭火。如果没有固定灭火系统或灭火系统发生故障而不能使用时,用雾状水或泡沫灭火器灭火。

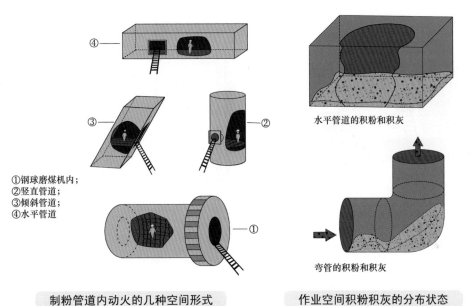

①钢球磨煤机内；
②竖直管道；
③倾斜管道；
④水平管道

水平管道的积粉和积灰

弯管的积粉和积灰

制粉管道内动火的几种空间形式

作业空间积粉积灰的分布状态

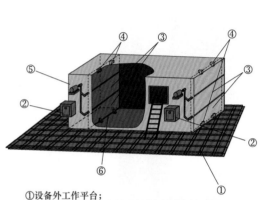

①设备外工作平台；
②执行机构配电箱，断掉动力电，拆掉控制回路保险，挂"有人工作，禁止操作"指示牌；
③挡板叶片；
④临时在烟道壁焊接的挡板限位角铁，防止挡板误开，在施工结束后拆除；
⑤挡板电动执行机构；
⑥挡板缝隙的密封

动火作业隔离措施

非工作空间

①风道或烟道壁；
②多叶挡板；
③钢管柱；
④上端面焊点（无防腐层时）；
⑤下端面焊点（无防腐层时）；
⑥利用烟道撑杆顶住钢管柱（有防腐层时）；
⑦烟道撑杆

**大口径矩形管道多页
挡板的防误开措施**

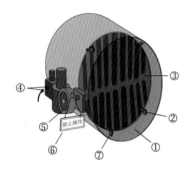

禁止操作

①大口径圆管管道；
②临时焊接的限位钢板；
③挡板轴；
④拆下的执行器航空插头；
⑤蜗轮蜗杆传动机构；
⑥"禁止操作"警示牌；
⑦临时焊接的止动挡块

大口径蝶阀挡板的防误开措施

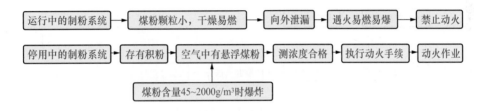

煤粉制粉系统动火作业要求

8.2 煤粉制粉系统

8.2.1 严禁在运行中的制粉系统设备上进行动火作业。

8.2.2 在停用的制粉系统动火作业，必须清除其积粉及采取可靠的隔离措施，并执行动火工作制度；在有煤粉尘的场所动火，应测定粉尘浓度合格，并办理动火工作手续方可进行动火作业。

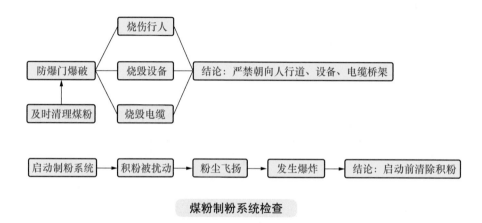

煤粉制粉系统检查

8.2.3 制粉系统防爆装置排放口应避免朝向人行通道、设备、电缆桥架。应对防爆装置进行定期检查和维护。防爆装置动作后应立即检查及清除周围火苗与积粉。

8.2.4 在启动制粉系统和设备检修之前，应仔细检查设备内外有无积粉自燃，若发现积粉自燃，应予消除。

8.2.5 严格控制磨煤机出口温度及煤粉仓温度，其温度不得超过煤种要求的规定。煤粉仓应装有温度测点并宜装报警测点。

8.2.6 磨煤机出口气粉混合物的温度应符合表 8.2.6 的规定。

表 8.2.6 磨煤机出口气粉混合物的温度

制粉系统	煤种	气粉混合物的温度（℃）	
		用空气干燥时	用空气和烟气混合干燥时
仓储式煤粉制粉系统	无烟煤	不受限制	—
	贫煤	130	—
	烟煤	70	120
	褐煤	70	90
直吹式煤粉制粉系统	贫煤	150	180
	烟煤	130	180
	褐煤和油页岩	100	180

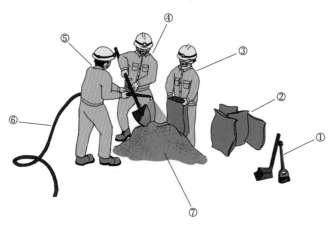

①撮子和扫帚；
②装好的袋子，及时将煤灰倾倒至煤场或渣池；
③辅助装袋者；
④用铜锹装袋子的人；
⑤用水管淋湿煤粉防止扬尘的人；
⑥供水管道；
⑦管道或容器内积存的煤粉

管道和容器内积粉的清理

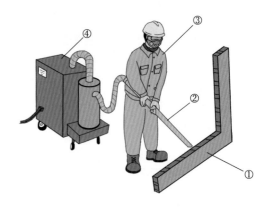

①狭窄的管道及容器间隙内的积粉；
②负压吸管；
③工作人员；
④车间粉尘清理吸尘器

对管道和容器内边角和表面少量煤粉的清理

注：对已经板结的积粉要捣碎再吸出来。

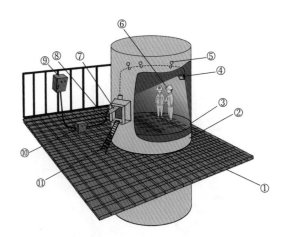

①管道外工作平台;
②制粉或热风管道;
③管道内脚手架平台;
④LED照明射灯;
⑤磁力电缆挂钩;
⑥个人佩戴的LED头灯;
⑦进管道内的电缆戴保护套;
⑧行灯变压器(12V)由外部向作业空间内部的接线;
⑨外部检修电源箱;
⑩行灯变压器;
⑪进入内部的梯子

工作空间的照明布置

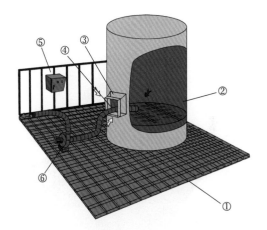

①设备外工作平台;
②管道设备;
③人孔门;
④吸风硬管;
⑤检修电源箱;
⑥吸风机

工作空间的通风

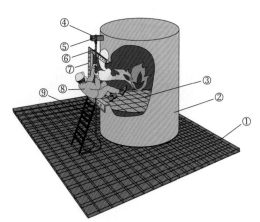

①外工作平台；
②煤粉或热风管道等受限空间；
③内部工作平台；
④固定麻绳的C型钢；
⑤限位钢棒；
⑥悬垂的麻绳；
⑦人孔门法兰；
⑧逃生人员；
⑨斜梯

紧急逃生的设置

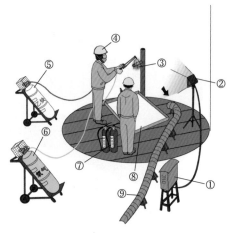

①配电箱；
②照明灯；
③工件切割；
④动火作业人员；
⑤乙炔瓶；
⑥氧气瓶；
⑦干粉灭火器；
⑧接火盘；
⑨负吸引风管

动火监护

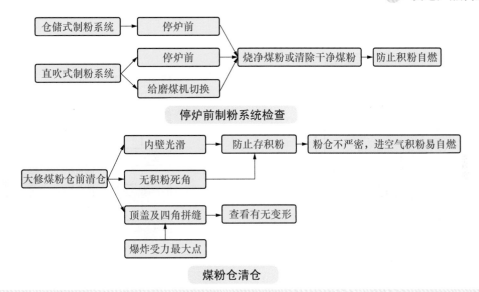

停炉前制粉系统检查

煤粉仓清仓

8.2.7 仓储式锅炉制粉系统，在停炉检修前，煤粉仓内煤粉必须用尽。直吹式锅炉制粉系统，在停炉或给磨煤机切换备用时，应先将该系统煤粉烧尽或清除干净。不得把清仓的煤粉排入未运行（包括热备用）的锅炉内。

8.2.8 每次大修煤粉仓前应清仓，并检查煤粉仓内壁是否光滑，有无积粉死角。粉仓顶盖四角拼缝应符合承受一定的爆炸压力的设计要求。

8.2.9 给粉机应有定期切换制度。避免在停用的给粉机入口处出现积粉自燃。清除给粉机进口积粉时，严禁用氧气或压缩空气吹扫。

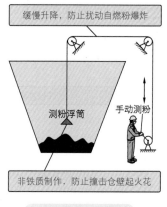

煤粉仓粉位测量

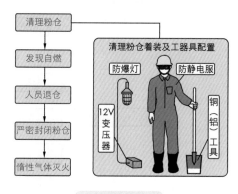

清理粉煤仓

8.2.10 手动测量煤粉仓粉位时，浮筒应由非铁质材料制成，仓内浮筒应缓慢升降。

8.2.11 清仓过程中发现仓内残余煤粉有自燃现象时，清扫人员应立即退到仓外，将煤粉仓严密封闭，用蒸汽或氮气、二氧化碳等惰性气体进行灭火。

在清扫磨煤机积粉时，严禁在煤粉温度没有下降到可燃点以下时打开人孔门清扫。

8.2.12 清仓时，煤粉仓内必须使用防爆行灯。铲除积粉时，工作人员应穿不产生静电的工作服，使用铜质或铝制工具，不得带入火种，禁止用压缩空气或氧气进行吹扫。

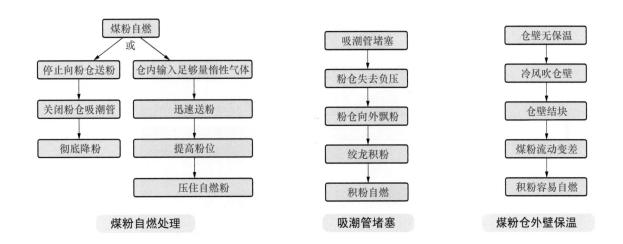

煤粉自燃处理　　　　　吸潮管堵塞　　　　煤粉仓外壁保温

8.2.13　发现煤粉仓煤粉自燃要妥善处理，一般应停止向煤粉仓送粉，关闭粉仓吸潮管，进行彻底降粉。如采取迅速提高粉位（包括同时由邻炉来粉），进行压粉措施时，应事先输入足够数量的惰性气体。

8.2.14　检查煤粉仓、螺旋送粉器吸潮管有无堵塞，吸潮管应加保温措施，吸潮门开度应使粉仓负压保持适当的数值。

8.2.15　煤粉仓外壁受冷风吹袭，使仓内煤粉易于结块而影响流动时，外壁应予保温。

煤粉仓发生火灾处理措施

8.2.16　应做好粉仓层的清洁工作，防止煤粉仓爆炸后热气浪喷出所引起的二次爆炸，或粉仓层积粉自燃后火苗进入粉仓引起煤粉仓煤粉爆炸。

8.2.17　煤粉仓应设置固定灭火系统。

8.2.18　煤粉仓发生火灾，不得用压力水管向煤粉仓直接进行喷射。

8.2.19　粉尘浓度较大、积粉较多的场所发生着火，应采用雾状水灭火。

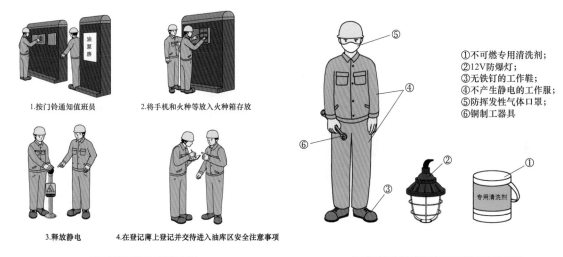

①不可燃专用清洗剂；
②12V防爆灯；
③无铁钉的工作鞋；
④不产生静电的工作服；
⑤防挥发性气体口罩；
⑥铜制工器具

1.按门铃通知值班员

2.将手机和火种等放入火种箱存放

3.释放静电

4.在登记薄上登记并交待进入油库区安全注意事项

进入油库区步骤

进入油罐区着装和工器具要求

8.3 燃油系统

8.3.1 发电厂内应划定油区，油区四周应设置 1.8m 高的围栅，并挂有"严禁烟火"等明显的警告标示牌。当利用厂区围墙作为油区的围墙时，该段厂区围墙应为 2.5m 高的实体围墙。油区应设置人体静电释放器。

8.3.2 油区必须制订油区出入制度，进入油区人员应交出火种，关闭随身携带的无线通信设施，去除身体静电，不准穿钉有铁掌的鞋和容易产生静电火花的化纤服装进入油区。非值班人员进入油区应进行登记。

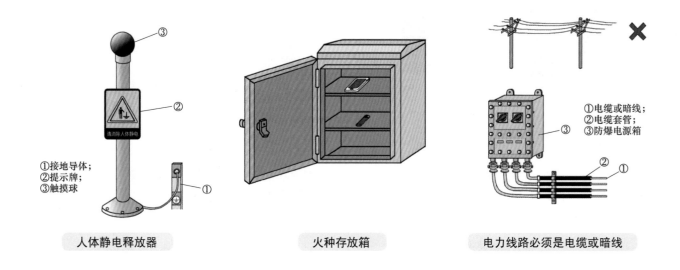

①接地导体；
②提示牌；
③触摸球

人体静电释放器

火种存放箱

①电缆或暗线；
②电缆套管；
③防爆电源箱

电力线路必须是电缆或暗线

8.3.3　电力线路必须是电缆或暗线，不准有架空线。

8.3.4　油区内电气设备的维修，必须停电进行。

8.3.5　油区内应保持清洁，无杂草、无油污，不得储存其他易燃物品和堆放杂物，不得搭建临时建筑。

8.3.6　油车、油船卸油加温时，应严格控制温度，原油不超过 45℃，柴油不超过 50℃，重油不超过 80℃。加热燃油、燃油管道伴热、管道清扫的蒸汽温度，应低于油品的自燃点，且不应超过 250℃。

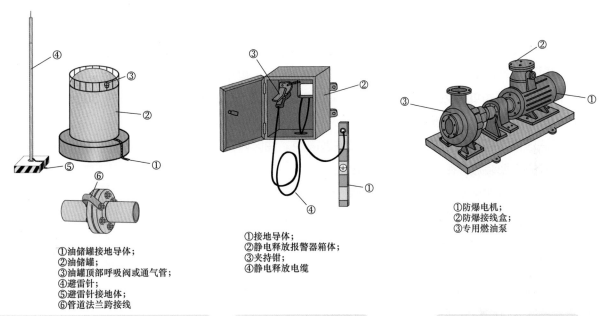

①油储罐接地导体；
②油储罐；
③油罐顶部呼吸阀或通气管；
④避雷针；
⑤避雷针接地体；
⑥管道法兰跨接线

①接地导体；
②静电释放报警器箱体；
③夹持钳；
④静电释放电缆

①防爆电机；
②防爆接线盒；
③专用燃油泵

| 卸油器及油罐区有避雷装置和接地装置 | 槽车静电释放报警器 | 防爆电机和专业燃油泵 |

8.3.7 火车机车与油罐车之间至少有两节隔车才允许取送油车。在进入油区时，行驶速度应小于5km/h，不准急刹车，挂钩要缓慢，车体不准跨在铁道绝缘段上停留，避免电流由车体进入卸油线。

8.3.8 从下部接卸铁路油罐车的卸油系统，应采用密闭管道系统。打开油车上盖时，严禁用铁器敲打。开启上盖时应轻开，人应站在侧面。卸油过程中，值班人员应经常巡视，防止跑、冒、漏油。

8.3.9　卸油区及油罐区必须有避雷装置和接地装置。油罐接地线和电气设备接地线应分别装设。输油管应有明显的接地点。油管道法兰应用金属导体跨接牢固。每年雷雨季节前须认真检查，并测量接地电阻。防静电接地每处接地电阻值不宜超过100Ω；露天敷设的管道每隔200m～300m应设防感应接地，每处接地电阻不超过30Ω。

8.3.10　卸油区内铁道必须用双道绝缘与外部铁道隔绝。油区内铁路轨道必须互相用金属导体跨接牢固，并有良好的接地装置，接地电阻不大于5Ω。

8.3.11　卸油时，运油设备应可靠接地，输油软管也应接地。

8.3.12　在卸油中如遇雷雨天气或附近发生火灾，应立即停止卸油作业。

8.3.13　油车、油船卸油时，严禁将箍有铁丝的胶皮管或铁管接头伸入仓口或卸油口。

8.3.14　地面和半地下油罐（组）周围应设防火堤，防火堤必须是闭合的。防火堤内的有效容积应不小于固定顶油罐组内一个最大油罐的容量或浮顶油罐组内一个最大油罐的容量的1/2。防火堤应设置不少于两处越堤人行踏步或坡道，并应设置在不同方位上。

8.3.15　防火堤应保持坚实完整，不得挖洞、开孔，如工作需要在防火堤挖洞、开孔，应采取临时安全措施，并经批准。在工作完毕后及时修复。

8.3.16　油罐的顶部应设呼吸阀或通气管。储存甲、乙类油品的固定顶油罐应装设呼吸阀和阻火器，储存丙类液体的固定顶油罐应设置通气管，丙A类油品应装设阻火器。运行人员应定期检查，呼吸阀应保持灵活完整，阻火器金属丝网应保持清洁畅通。

8.3.17　油罐测油孔应用有色金属制成。油位计的浮标同绳子接触的部位应用铜材制成。运行人员应使用铜制工具操作。量油孔、采光孔及其他可以开启的孔、门要衬上铅、铜或铝。

8.3.18　油罐区应有排水系统，排水管在防火堤外应设置隔离阀。

8.3.19　污水不得排入下水道，从燃油中沉淀出来的水，应经过净化处理，达到国家规定的排放标准后方可排入下水道。

8.3.20　油罐应有低、高油位信号装置，防止过量注油，使油溢出。

8.3.21　油泵房应设在油罐防火堤外并与防火堤间距不小于5.0m。油泵房门窗应向外开放，室内应有通风、排气设施。油泵房操作室的门、窗应向外开，其门窗应设在泵房的爆炸危险区域以外，监视窗应设密闭的固定窗。

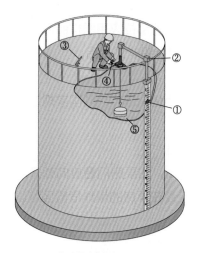

①油罐油位标尺；
②油位浮标拉绳导向滑轮机构；
③铜阀门扳手；
④防爆手电筒；
⑤浮标与拉绳之间采用铜连接件

油罐测油孔应用有色金属制成

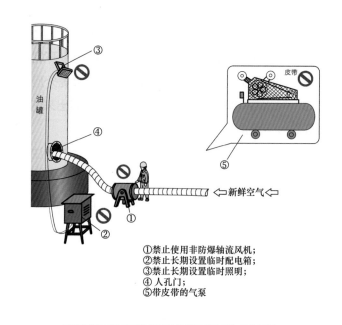

①禁止使用非防爆轴流风机；
②禁止长期设置临时配电箱；
③禁止长期设置临时照明；
④ 人孔门；
⑤带皮带的气泵

禁止安装临时性或不符合要求的设备

8.3.22　油泵房及油罐区内禁止安装临时性或不符合要求的设备和敷设临时管道，不得采用皮带传动装置，以免产生静电引起火灾。

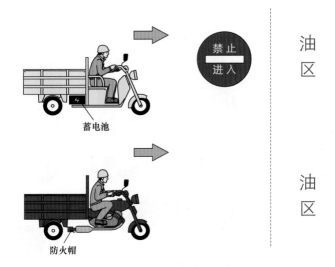

禁止电瓶车进入油区

8.3.23　燃油管道及阀门应有完整的保温层，当周围空气温度在25℃时保温层表面一般不超过35℃。

8.3.24　禁止电瓶车进入油区，机动车进入油区时应加装防火罩。

调节式金属手锯（配铜合金锯条）

用手锯无火花切割　　　　　用管子割刀无火花切割　　　　用气动无火花切割锯切割

管割刀

管子钳

8.3.25　燃油设备检修时，应尽量使用有色金属制成的工具。如使用铁制工具时，应采取防止产生火花的措施，例如涂黄油、加铜垫等。燃油系统设备需动火时，按动火工作票管理制度办理手续。

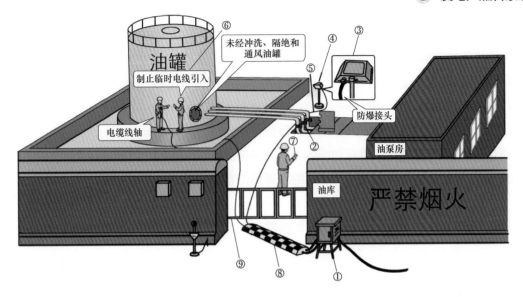

① 电源设置在油区外；
② 燃油管道地沟；
③ 全部动力线或照明线均应有可靠的绝缘及防爆性能；
④ 防爆照明灯；
⑤ 禁止把临时电线跨越或架设在有油或热体管道设备上（此外在管廊下部穿过）；
⑥ 禁止临时电线引入未经可靠地冲洗、隔绝或通风的容器中；
⑦ 使用防爆手电筒照明；
⑧ 横过通道的电线应有防止被斩断的措施；
⑨ 作业区隔离栅栏

油区检修用的临时动力和照明用电

8.3.26　油区检修用的临时动力和照明用电应符合下列要求：

① 电源应设置在油区外面。

② 横过通道的电线应有防止被轧断的措施。

③ 全部动力线或照明线均应有可靠的绝缘及防爆性能。

④ 禁止把临时电线跨越或架设在有油或热体管道设备上。

⑤ 禁止临时电线引入未经可靠地冲洗、隔绝和通风的容器内部。

⑥ 用手电筒照明时应使用防爆电筒。

⑦ 所有临时电线在检修工作结束后，应立即拆除。

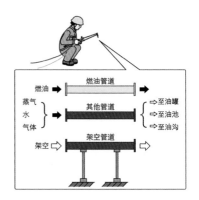

1.以上几种管道上动火必须采取可靠措施

2.冲尽检修管道内积油,放净余气

3.用绝缘物(例如法兰)将靠近油罐、油池、油沟一侧拆开通大气并用绝缘物可靠隔离

在燃油管道上动火作业措施

8.3.27　在燃油管道上和通向油罐、油池、油沟的其他管道,包括空管道上进行动火作业时,必须采取可靠的隔绝措施,靠油罐、油池、油沟一侧的管路法兰应拆开通大气,并用绝缘物分隔,冲净管内积油,放尽余气。

8.3.28　进入油罐的检修人员应使用电压不超过 12V 的防爆灯,穿不产生静电的工作服及无铁钉工作鞋,使用铜质工具。严禁使用汽油或其他可燃易燃液体清洗油垢。

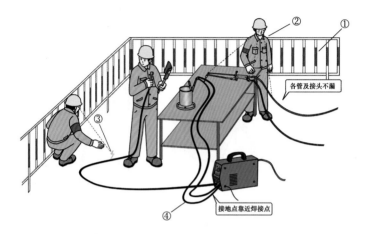

① 各管及接头不漏
④ 接地点靠近焊接点

①焊接、热切割设备均应停放在指定地点；
②、③不许有漏电漏气设备；
④双零线接地，不准采用远距离接地回路

在油区进行焊接、热切割作业注意事项

8.3.29　在油区进行焊接、热切割作业时，焊接、热切割设备均应停放在指定地点。不准使用漏电、漏气的设备。火线和接地线均应完整、牢固，禁止用铁棒等物代替接地线和固定接地点。电焊机的接地线应接在被焊接的设备上，接地点应靠近焊接点，并采用双线接地，不准采用远距离接地回路。

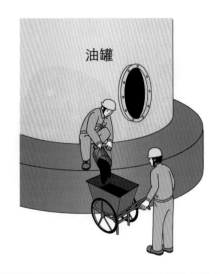

从油库过滤器、油加热器中清理出来的余渣

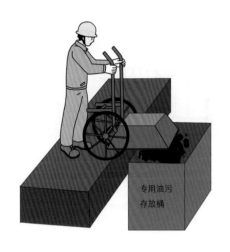

存放在油区外专用油污存放桶

8.3.30 从油库、过滤器、油加热器中清理出来的余渣应及时处理，不得在油区内保留残渣。

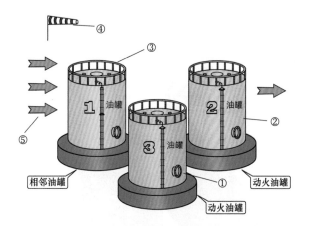

①、②动火油罐应在相邻油罐下风或侧风;
③相邻油罐,有储油或不动火油罐;
④风飘;
⑤风向

油罐动火应符合的要求

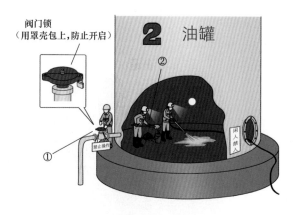

①动火油罐与系统隔离;
②清出罐内全部油品并冲洗

动火油罐隔离

8.3.31　油罐动火应符合下列要求:

❶ 动火油罐应在相邻油罐的上风或侧风。

❷ 将动火油罐与系统隔离,并上锁。出清罐内全部油品并冲洗干净。

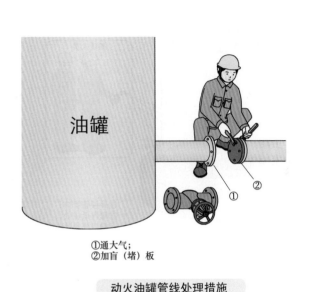

①通大气；
②加盲（堵）板

动火油罐管线处理措施

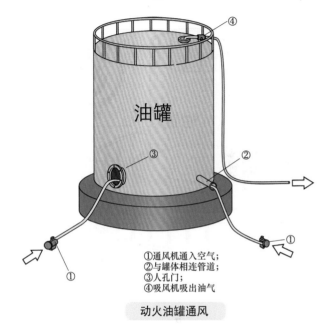

①通风机通入空气；
②与罐体相连管道；
③人孔门；
④吸风机吸出油气

动火油罐通风

注：以上通风不小于48h。

③ 拆开动火油罐所有管线法兰，油罐侧通大气，非动火的管道侧加盲（堵）板。

④ 打开动火油罐各孔口，用防爆通风机从不同位置进行通风，且时间不少于48h。在整个动火期间通风机不得停止运行。

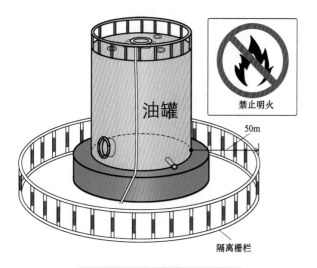

动火油罐周围禁止明火作业

①外接管管口；
②罐内低洼处；
③罐内死角及焊缝处

测量可燃气体浓度

⑤ 拆开管线法兰和打开油罐各孔口到动火开始这段时间内，周围 50m 半径范围内应划为警戒区域，不得进行任何明火作业。

⑥ 每次动火前用测爆仪在各孔口处和罐内低凹、焊缝处，以及容易积聚气体的死角等处测量可燃气体浓度，最好用两台以上测爆仪同时测量，确保测量结果的可靠性。

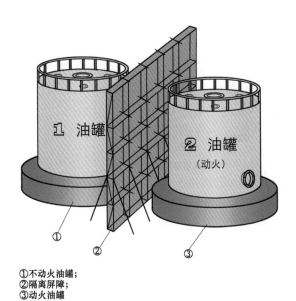

油罐着火应急处置预案

一、火灾应急组织机构
1. _____
2. _____
3. _____
二、火种发生初期的应急响应
1. _____
2. _____
3. _____
三、灭火扑救工作
1. _____
2. _____
3. _____
四、火灾事故处理工作
1. _____
2. _____
3. _____
五、疏散自救方案
1. _____
2. _____

①不动火油罐；
②隔离屏障；
③动火油罐

在动火油罐侧设隔离屏障

编制油罐着火应急处置预案

⑦ 当油罐间距不符合要求时，应在动火油罐侧设置隔离屏障。

⑧ 编制油罐着火的应急处置预案，按应急处置预案，做好一切扑救火灾准备工作。

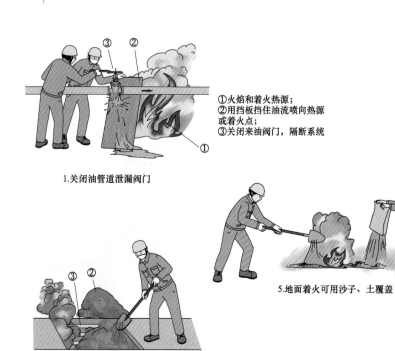

①火焰和着火热源;
②用挡板挡住油流喷向热源或着火点;
③关闭来油阀门,隔断系统

1.关闭油管道泄漏阀门

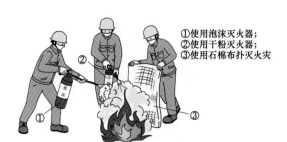

①使用泡沫灭火器;
②使用干粉灭火器;
③使用石棉布扑灭火灾

2.用灭火器等扑救

①拆下来的地沟盖板;
②沙土;
③地沟内的管道

3.用沙子或土堆堵

5.地面着火可用沙子、土覆盖

4.大面积火灾可用蒸汽或水喷射

油管道火灾处理

8.3.32 油管道火灾处理应符合下列要求：

① 油管道泄漏，法兰垫破裂喷油，遇到热源起火，应立即关闭阀门，隔绝油源或设法用挡板改变油流喷射方向，不使其继续喷向火焰和热源上。

② 使用泡沫、干粉等灭火器扑救或用石棉布覆盖灭火，大面积火灾可用蒸汽或水喷射灭火，地面上着火可用沙子、土覆盖灭火。附近的电缆沟、管沟有可能受到火势蔓延的危险时，应迅速用砂子或土堆堵。

8.3.33 卸油站火灾处理应符合下列要求：

① 卸油站发生火灾时，如油船、油槽车正在卸油应立即停止卸油，关闭上盖，防止油气蒸发。同时应设法将油船或油槽车拖到安全地区。

② 不论采取何种卸油方式，都应立即切断连接油罐和油船（油槽车）的输油管道，防止火势蔓延到油罐、油船（油槽车）。

③ 密闭式卸油站发生火灾时，应停止卸油，隔绝与油罐的联系，查明火源，控制火势。如沟内污油起火，应用砂子或土首先将沟的两端堵住，防止火势蔓延造成大火。如沟内敷设油管，应用直流消防水枪喷洒冷却，并隔绝油管两侧阀门。此时必须注意，由于水枪喷洒，油火可能随水流淌下蔓延。

④ 敞开式卸油槽发生火灾时，如卸油槽完整无损，盖板未被爆炸波浪掀开，可将所有孔、洞封闭，采用窒息法灭火；如油槽已遭破坏，应迅速启动固定的蒸汽灭火装置灭火。

8.3.34　油泵房火灾处理应符合下列要求：

① 油管道火灾处理应符合本规程第 8.3.32 条的规定。

② 油泵电动机火灾处理应符合本规程第 6.2.5 条的规定。

③ 油泵盘根过紧摩擦起火，用泡沫、二氧化碳、干粉等灭火器灭火。

④ 油泵房应保存良好的通风，及时排除可燃气体，防止油气体积聚。当发生爆炸起火时，应立即启动固定灭火系统灭火。如果没有固定灭火系统或灭火系统发生故障而不能使用时，应用水喷雾灭火，也可用泡沫、二氧化碳、干粉等灭火器灭火。

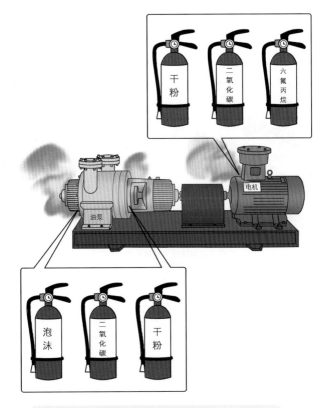

电动机火灾和油泵盘根火灾采用的灭火器材

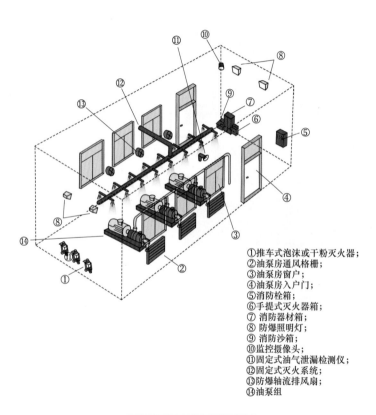

①推车式泡沫或干粉灭火器；
②油泵房通风格栅；
③油泵房窗户；
④油泵房入户门；
⑤消防栓箱；
⑥手提式灭火器箱；
⑦消防器材箱；
⑧防爆照明灯；
⑨消防沙箱；
⑩监控摄像头；
⑪固定式油气泄漏检测仪；
⑫固定式灭火系统；
⑬防爆轴流排风扇；
⑭油泵组

油泵房固定灭火系统

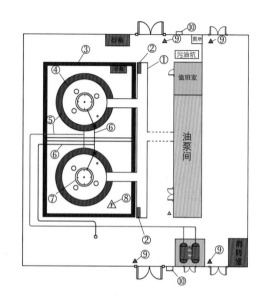

①管廊各种管道集中布置区域；
②灭火器箱；
③防火围墙；
④油储罐基础（高出地面）；
⑤消防泡沫系统；
⑥油储罐喷淋冷却水系统；
⑦油储罐顶部喷淋水布撒器；
⑧避雷针；
⑨人体静电释放器；
⑩火种及电子产品存放箱

燃油泵房平面布置图

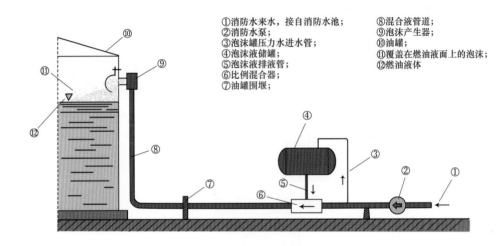

①消防水来水，接自消防水池；　⑧混合液管道；
②消防水泵；　　　　　　　　　⑨泡沫产生器；
③泡沫罐压力水进水管；　　　　⑩油罐；
④泡沫液储罐；　　　　　　　　⑪覆盖在燃油液面上的泡沫；
⑤泡沫液排液管；　　　　　　　⑫燃油液体
⑥比例混合器；
⑦油罐围堰；

油罐泡沫灭火系统

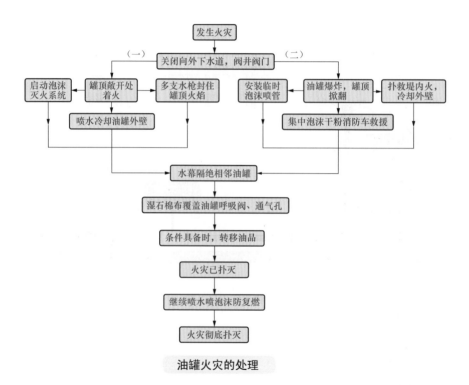

油罐火灾的处理

8.3.35　油罐火灾处理应符合下列要求:

① 关闭罐区通向外侧的下水道、阀门井的阀门。

② 罐顶敞开处着火,必须立即启动泡沫灭火系统向罐内注入覆盖厚度在 200mm 以上泡沫灭火剂。金属油罐还应启动冷却水系统对油罐外壁强迫冷却。

③ 用多支直流消防水枪从各个方向集中对准敞口处喷射但要适当避开逆风,以封住罐顶火焰,使油气隔绝,缺氧窒息。

④ 油罐爆炸、顶盖掀掉发生大火按上述方法执行。若固定泡沫灭火装置喷管已破坏,应设法安装临时喷管,然后向罐内注入泡沫灭火剂进行扑救。若以上方法无法奏效,则必须集中一定数量的泡沫、干粉消防车,从油罐周围同时喷向火焰中心进行扑救。

⑤ 油罐爆炸,如有油外溢在防火堤内燃烧,应先扑救防火堤内的油火,同时采用冷却水冷却油罐外壁。

⑥ 为防止着火油罐波及周围油罐,在燃烧的油罐与相邻油罐间用多支直流消防水枪喷洒形成一道水幕,隔绝火焰和浓烟。同时将相邻油罐的呼吸阀、通气孔用湿石棉布遮盖,防止火星进入罐内。

⑦ 在有条件的情况下,应将失火油罐的油转移到安全油罐内,但必须注意着火油罐油位不应低于输出管道高度。

⑧ 火扑灭后,继续用喷洒泡沫或消防水防止复燃。

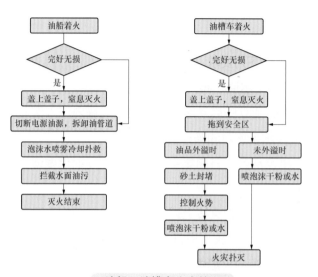

油船、油槽车火灾处理

8.3.36 油船、油槽车火灾处理应符合下列要求：

① 油船、油槽车着火起始阶段，如油船、油槽车完整无损，应立即将敞开的口盖起来，用窒息法灭火。

② 油船着火时需进行冷却，切断与岸上连接的电源、油源，拆除卸油管道，然后用泡沫和水喷雾扑救。也可按本规程第 8.3.35 条的规定操作。水面上如有漂浮的油，应用围油栏堵截。

③ 油槽车着火，应立即将未着火的槽车拖到安全地区，如油品外溢起火可用砂子、土围堵，将火势控制在较小的范围内，然后用足够数量的泡沫、干粉和水喷雾灭火。

9 新能源发电消防

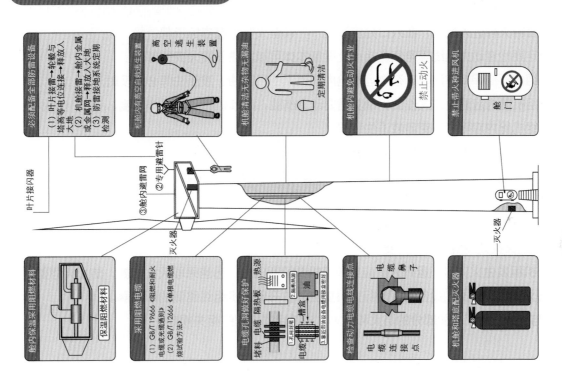

必须配全部防雷设备
(1) 叶片接雷→轮毂与塔筒等电位连接→释放入大地
(2) 机舱网→舱内金属或金属网→释放入大地
(3) 防雷接地系统定期检测

机舱内有高空自救逃生装置

高空逃生装置

机舱清洁无杂物无漏油
定期清洁

机舱内避免动火作业
禁止动火

禁止带火种进风机
舱门

叶片接闪器

②专用避雷针
③舱内避雷网
灭火器

灭火器

舱内保温采用阻燃材料
保温阻燃材料

采用阻燃电缆
(1) GB/T 19666《阻燃和耐火电缆或光缆通则》
(2) GB/T 12666《单根电缆燃烧试验方法》

电缆过孔洞做好保护
堵料 电缆 隔热板
热源
1.孔洞封堵
2.隔热源
电缆防火 槽盒
3.重点带油设备用防爆盒密封

检查动力电缆电线连接点
电缆鼻子
电缆连接点

机舱和塔底配灭火器

9.1 风力发电场

9.1.1 风力发电机组（简称机组）必须配备全面的防雷设备。在每年雷雨季节来临前对风机的防雷接地系统进行检测。

9.1.2 禁止带火种进入风机，在入口处应悬挂"严禁烟火"的警告标示牌。

9.1.3 应定期检查动力电缆等电气连接点及设备本体可能发热引发火灾的部位。

9.1.4 机组内部应保持整洁，无杂物。机舱内部泄漏的齿轮油、液压油等必须及时清除。

9.1.5 机组机舱内应避免动火作业。确实需要动火作业，必须执行动火工作制度。

9.1.6 机组机舱内应配置高空自救逃生装置。

9.1.7 机组机舱和塔内底部应配备灭火器。

9.1.8 机组机舱、塔筒内应选用阻燃电缆，电缆孔洞必须做好防火封堵。靠近加热器等热源的电缆应有隔热措施，靠近带油设备的电缆槽盒应密封。

9.1.9 机组机舱内的保温材料，应采用阻燃材料。

9.1.10 机组火灾处理应符合下列要求：

① 当机组发生火灾时，运行人员应立即停机并切断电源，迅速采取灭火措施，防止火势蔓延。

② 当火灾危及人员和设备时，运行人员应立即拉开着火机组线路侧的断路器。

9.1.11 与火力发电厂相同部分的防火和灭火，应符合本规程的相关规定。

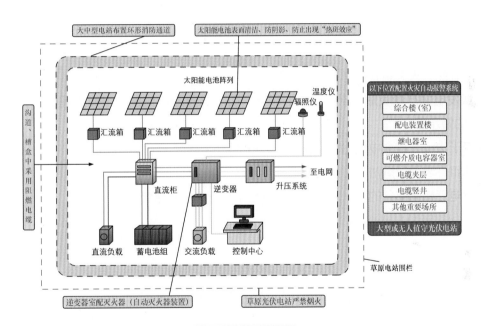

大中型电站布置环形消防通道

太阳能电池表面清洁、防阴影、防止出现"热斑效应"

太阳能电池阵列

温度仪

辐照仪

汇流箱　汇流箱　汇流箱　汇流箱　汇流箱

沟道、槽盒中采用阻燃电缆

直流柜　逆变器　升压系统

至电网

直流负载　蓄电池组　交流负载　控制中心

逆变器室配灭火器（自动灭火器装置）

草原光伏电站严禁烟火

草原电站围栏

以下位置配置火灾自动报警系统

综合楼（室）

配电装置楼

继电器室

可燃介质电容器室

电缆夹层

电缆竖井

其他重要场所

大型或无人值守光伏电站

光伏发电站消防

9.2 光伏发电站

9.2.1 大、中型光伏发电站宜布置环形消防通道。

9.2.2 大型或无人值守光伏发电站应设置火灾自动报警系统。火灾自动报警系统信号的接入应符合本规程第 6.3.8 条的规定。

9.2.3 逆变器室宜配备灭火装置。

9.2.4 草原光伏发电站严禁吸烟、严禁明火。在出入口、周界围墙或围栏上设立醒目的防火安全标志牌和禁止烟火的警示牌。

9.2.5 集中敷设于沟道、槽盒中的电缆宜选用阻燃电缆。

9.2.6 太阳电池组件表面应清洁，无杂物或遮挡。

9.2.7 与火力发电厂相同部分的防火和灭火，应符合本规程的相关规定。

秸秆或其他燃料压缩颗粒

秸秆小压缩包
（压缩较松，着火后易燃）

秸秆大压缩包
（压缩较实，久贮失水疏松易燃）

玉米、高粱等秸秆类

谷草、稻草、麦草、芦苇等

野草类

藤蔓类

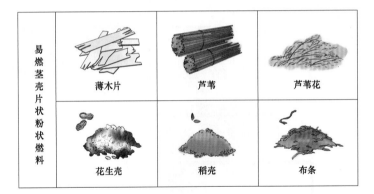

易燃茎壳片状粉状燃料	薄木片	芦苇	芦苇花
	花生壳	稻壳	布条

生物质电厂各类燃料易燃特性图谱

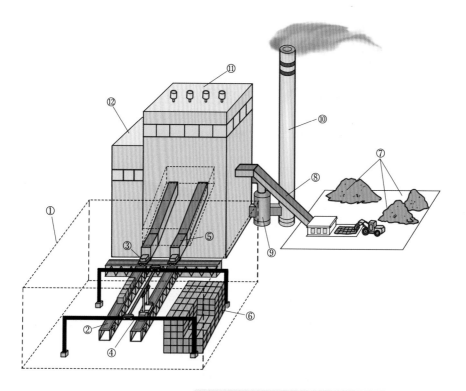

①储料棚；
②上料线；
③分配小车及料包；
④上料行车；
⑤炉前进料输送机；
⑥成型包堆垛；
⑦散料堆；
⑧散料上料皮带机；
⑨除尘器；
⑩烟囱；
⑪锅炉主厂房；
⑫汽车车间

生物质电厂易着火区（主厂房外）

注：红色标记的为易燃区。

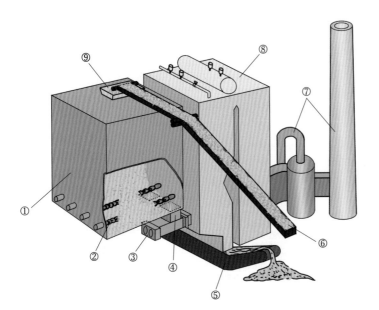

①燃料储仓（有存料，易着火）；
②燃料储仓内给料螺旋；
③螺旋给料机；
④螺旋给料机下料口（内有燃料，易着火）；
⑤锅炉捞渣机；
⑥上料皮带（上有料，橡胶皮带易着火）；
⑦布袋除尘器和烟囱；
⑧锅炉本体；
⑨料仓下料口（有料，易着火）

生物质电厂易着火部位（储仓式炉前给料系统）

注：红色标记的为易燃区。

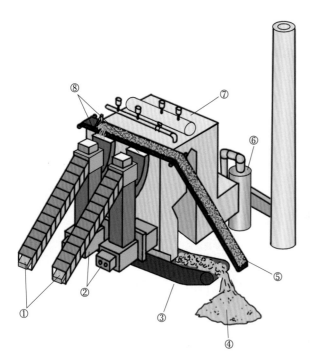

①炉前进料输送机；
②螺旋给料机；
③捞渣机；
④渣堆；
⑤辅助料皮带；
⑥布袋除尘器；
⑦锅炉本体；
⑧辅助料线下料口

生物质电厂锅炉间易着火部位（无料仓炉前给料系统）

注：1. 料场火种和锅炉正压引起的火种进入炉前进料输送机，易在内部引起火灾。

2. 在螺旋给料机内部推送燃料充满情况时，因炉内正压会从给料机不严密处喷出火星，引燃给料机外积存的燃料。给料机周围积料积尘应及时清扫。

3. 捞渣机必须保证严密水封，防止因炉内正压向捞渣机外喷火引燃可燃物。

4. 未燃尽未浸透的燃料，例如稻秆捆、麦秆捆等，有可能从捞渣机内排出来成为火种。

5. 辅助料皮带用于上经过破碎的料，补充主料的不足或作为主供料，上面燃料有被锅炉正压火种引燃的风险。

6. 布袋除尘器滤袋一般为 PPS 滤袋，运行温度为 160 ~ 200℃，燃烧不充分的燃料颗粒会进入布袋除尘引起再燃烧，这是布袋除尘器最大的火灾风险。

7. 锅炉本体上面不许有积料。

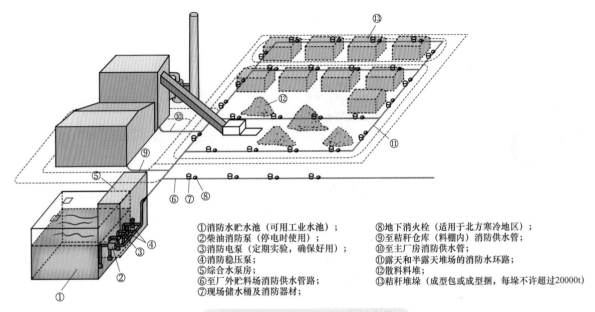

①消防水贮水池（可用工业水池）；
②柴油消防泵（停电时使用）；
③消防电泵（定期实验，确保好用）；
④消防稳压泵；
⑤综合水泵房；
⑥至厂外贮料场消防供水管路；
⑦现场储水桶及消防器材；
⑧地下消火栓（适用于北方寒冷地区）；
⑨至秸秆仓库（料棚内）消防供水管；
⑩至主厂房消防供水管；
⑪露天和半露天堆场的消防水环路；
⑫散料料堆；
⑬秸秆堆垛（成型包或成型捆，每垛不许超过20000t）

生物质发电厂消防水系统整体布局

9.3 生物质发电厂

9.3.1 半露天堆场和露天堆场单堆不宜超过 20000t。超过 20000t 时，应采取分堆布置。秸秆仓库宜集中成组布置，半露天堆场和露天堆场宜集中布置。

地下式消防栓井（适用于北方）

地上消防栓（适用于南方）

地下和地上消防栓

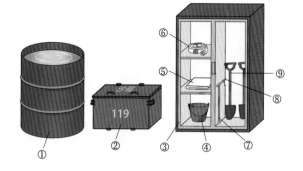

①贮水桶（常备的少量水源，扑灭微小火险）；
②消防沙箱（用于压灭明火或暗火）；
③消防器材箱；
④消防水桶（用于从贮水桶取水扑灭火险）；
⑤防火毯（用于紧急情况下覆盖扑灭微小火险）；
⑥消防水带（用于连接消防栓）；
⑦长杆地下消防栓扳手（用于开启地下消防水栓）；
⑧丁字形拉钩（用于开启地下消防栓井盖）；
⑨消防锹（用于挖沙或运土扑灭火险）

现场贮水桶及消防器材（布置在消防栓附近）

9.3.2　秸秆仓库、露天堆场、半露天堆场应有完备的消防系统和防止火灾快速蔓延的措施。消火栓位置应考虑防撞击和防秸秆自燃影响使用的措施。

9.3.3　厂外收贮站宜设置在天然水源充足的地方，四周宜设置实体围墙，围墙高度应为 2.2m。

9.3.4　秸秆的调配使用应做到先进先出。

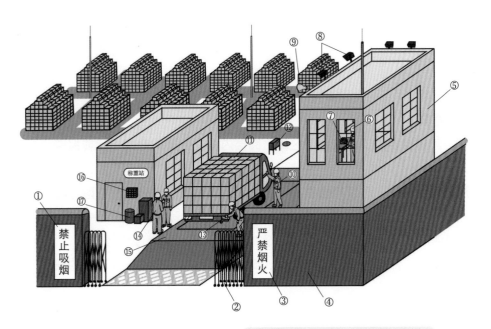

①禁止吸烟警示牌;
②贮料场伸缩门;
③严禁烟火警示牌;
④贮料场实体围墙;
⑤警卫楼;
⑥警卫值班员;
⑦消防专用电话;
⑧贮料场照明射灯;
⑨警报扬声器;
⑩车辆火种检查人员;
⑪运料车辆;
⑫消火栓、地下消火栓井等;
⑬防火帽检查;
⑭工作人员交代司机安全注意事项;
⑮称重地秤;
⑯火种存放箱;
⑰消防贮水桶、沙箱和消防工具

生物质电厂收贮站燃料进场防火

9.3.5　秸秆仓库、秸秆破碎及散料输送系统应设置通风、喷雾抑尘或除尘装置。

9.3.6　粉尘飞扬、积粉较多的场所宜选用防尘灯、探照灯等带有护罩的安全灯具，并对镇流器采取隔热、散热等防火措施。

9.3.7　汽机房外应设置事故贮油池。

9.3.8　螺旋给料机头部应装有感温探测器，当温度异常时，应能向控制室报警。

9.3.9　厂外秸秆收贮站应符合下列要求：

①　收贮站应当设置警卫岗楼，其位置要便于观察警卫区域，岗楼内应安装消防专用电话或报警设备。

②　秸秆堆场内严禁吸烟，严禁使用明火，严禁焚烧物品。在出入口和适当地点必须设立醒目的防火安全标志牌和"禁止吸烟"的警示牌。门卫对入场人员和车辆要严格检查、登记并收缴火种。

③　秸秆入场前，应当设专人对秸秆进行严格检查，确认无火种隐患后，方可进入原料区。

④　秸秆堆场内因生产必须使用明火，应当经单位消防管理、安监部门批准，必须采取可靠的安全措施。

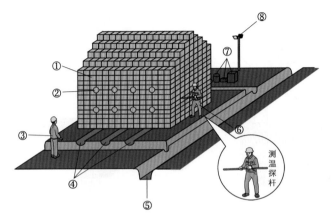

①贮料场内秸秆堆垛含水量≤20%；
②堆垛内散热洞，以柳条或竹篾编制中空圆孔，或注塑形成中空透风周边带大量孔洞的圆筒，埋进堆垛内；
③值班人员定期观察堆垛变形情况，发现变形和超温至60～70℃时，拆垛散热，同时做好灭火准备；
④堆垛底部预留的通风沟，保证通风散走热量；
⑤堆垛周围的排水沟，用于排走下雨下雪形成的积水；
⑥值班员用测温探杆定期测温，并做好测温记录，温度上升到40～50℃时，采取预防措施；
⑦贮料场堆垛附近放置贮水桶、沙箱、消防器材和消防栓井；
⑧照明灯杆与堆垛最近水平距离应当不小于杆高1.5倍

生物质电厂堆垛的防自燃和防火

⑤ 码垛时要严格控制水分，稻草、麦秸、芦苇含水量不应超过 20%，并做好记录。

⑥ 稻草、麦秸等易发生自燃的原料，堆垛时需留有通风口或散热洞、散热沟，并要设有防止通风口、散热洞塌陷的措施。发现堆垛出现凹陷变形或有异味时，应当立即拆垛检查，并清除霉烂变质的原料。

⑦ 秸秆码垛后，要定时测温。当温度上升到摄氏 40℃～50℃时，要采取预防措施，并做好测温记录；当温度达到摄氏 60℃～70℃时，必须拆垛散热，并做好灭火准备。

防火帽

生物质贮料场场内车辆的防火

⑧ 汽车、拖拉机等机动车进入原料场时，易产生火花部位要加装防护装置，排气管必须戴性能良好的防火帽。配备有催化换流器的车辆禁止在场内使用。严禁机动车在场内加油。

⑨ 秸秆运输船上所设生活用火炉必须安装防飞火装置。当船只停靠秸秆堆场码头时，不得生火。

⑩ 常年在秸秆堆场内装卸作业的车辆要经常清理防火帽内的积炭，确保性能安全可靠。

⑪ 秸秆堆场内装卸作业结束后，一切车辆不准在秸秆堆场内停留或保养、维修。发生故障的车辆应当拖出场外修理。

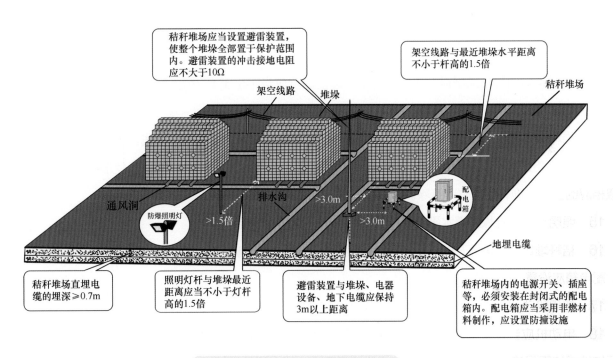

秸秆堆场应当设置避雷装置，使整个堆垛全部置于保护范围内。避雷装置的冲击接地电阻应不大于10Ω

架空线路

堆垛

架空线路与最近堆垛水平距离不小于杆高的1.5倍

秸秆堆场

通风洞

防爆照明灯

排水沟

>3.0m

配电箱

>1.5倍

>3.0m

地埋电缆

秸秆堆场直埋电缆的埋深≥0.7m

照明灯杆与堆垛最近距离应当不小于灯杆高的1.5倍

避雷装置与堆垛、电器设备、地下电缆应保持3m以上距离

秸秆堆场内的电源开关、插座等，必须安装在封闭式的配电箱内。配电箱应当采用非燃材料制作，应设置防撞设施

生物质秸秆堆场的用电及避雷要求

⑫ 秸秆堆场消防用电设备应当采用单独的供电回路，并在发生火灾切断生产、生活用电时仍能保证消防用电。

⑬ 秸秆堆场内应当采用直埋式电缆配电。埋设深度应当不小于 0.7m，其周围架空线路与堆垛的水平距离应当不小于杆高的 1.5 倍，堆垛上空严禁拉设临时线路。

⑭ 秸秆堆场内机电设备的配电导线，应当采用绝缘性能良好、坚韧的电缆线。秸秆堆场内严禁拉设临时线路和使用移动式照明灯具。因生产必须使用时，应当经安全技术、消防管理部门审批，并采取相应的安全措施，用后立即拆除。

⑮ 照明灯杆与堆垛最近水平距离应当不小于灯杆高的 1.5 倍。

⑯ 秸秆堆场内的电源开关、插座等，必须安装在封闭式配电箱内。配电箱应当采用非燃材料制作。配电箱应设置防撞设施。

⑰ 使用移动式用电设备时，其电源应当从固定分路配电箱内引出。

⑱ 电动机应当设置短路、过负荷、失压保护装置。各种电器设备的金属外壳和金属隔离装置，必须接地或接零保护。门式起重机、装卸桥的轨道至少应当有两处接地。

⑲ 秸秆堆场内作业结束后，应拉开除消防用电以外的电源。秸秆堆场使用的电器设备，必须由持有效操作证的电工负责安装、检查和维护。

20 秸秆堆场应当设置避雷装置，使整个堆垛全部置于保护范围内。避雷装置的冲击接地电阻应当不大于 10Ω。

21 避雷装置与堆垛、电器设备、地下电缆等应保持 3.0m 以上距离。避雷装置的支架上不准架设电线。

9.3.10 与火力发电厂相同部分的防火和灭火，应符合本规程的相关规定。

①动火作业搭设的封闭帐篷；
②离动火作业帐篷较远距离的积料；
③帐篷四周用重物压实边缘，防止风吹入和火星窜出；
④帐篷内放置贮水桶和灭火器；
⑤帐篷周围清理干净并淋湿地面，有积水为宜；
⑥带水压的消防水管及带开关的水枪接引到动火现场；
⑦帐篷外的动火监护人员

生物质电厂的动火作业现场布置

注：大风天严禁动火，尽可能将配件拆到场外动火。

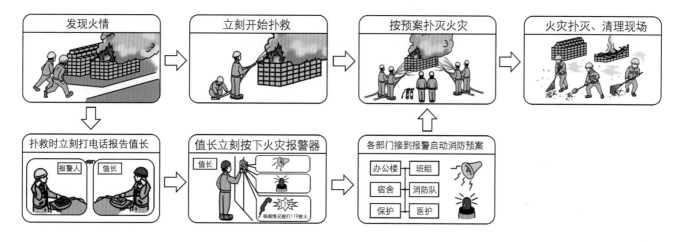

生物质电厂火灾的应急处置

9.4 垃圾焚烧发电厂

9.4.1 严禁将带有火种的垃圾卸入垃圾贮坑。

9.4.2 垃圾渗沥液汇集、处理区域应有通风防爆措施。

9.4.3 垃圾贮坑动火作业应办理动火工作票。

9.4.4 与火力发电厂相同部分的防火和灭火，应符合本规程的相关规定。

10 发电厂和变电站电气消防

10.1 发电机、调相机、电动机

10.1.1 水轮发电机的采暖取风口和补充空气的进口处应设置阻风门（防火阀），当发电机发生火灾时应自动关闭。

10.1.2 发电机发生火灾，为了限制火势发展，应迅速与系统解列，并立即用固定灭火系统灭火。如果没有固定灭火系统或灭火系统发生故障而不能使用时，灭火应符合本规程第 6.2.5 条的规定。

10.1.3 同期调相机火灾处理应符合本规程第 6.2.5 条的规定。

10.1.4 运行中的电动机发生火灾，应立即切断电动机电源，并尽可能把电动机出入通风口关闭，灭火应符合本规程第 6.2.5 条的规定。

1.在线检测氢气纯度和含氧量

定期校正化验

氢冷系统
- 纯度≥96%
- 含氧量<1.2%

制氢设备
- 纯度≥99.5%
- 含氧量<0.5%

12.放空管依规设置

①阻火器在管口；
②静电接地，在避雷区；
③屋顶2m以上，地面4m以上，有人操作最高设备2m以上；
④防雨雪侵入、水汽凝集及外来异物堵塞

11.禁止将氢气排在空中

H_2 H_2 H_2

易爆炸

10.管道、阀门、水封结冰依规处理

禁止明火   禁止锤击

水解冻   蒸汽解冻

2.轴封必须严密防漏氢

轴封油不中断

$$p_油 > p_氢$$

放空阀可在远方操作

励磁端   励磁端

发电机

轴封   轴封

氢气分析仪

9.设备和阀门连接点泄漏检查

肥皂水   防爆检测仪   禁止明火

3.主油箱排烟气保持正常运行

发电机油系统
主油箱   氢含量 >1%
封闭母线外套
停机查漏

氢气 ⋈ ⊘ ⊘ ⋈

空气 ⋈ 干燥器 ⋈

CO₂

氢气干燥器

8.安装漏氢检测装置

H_2

4.保证密封油系统运行可靠

①自动投入双电源；
②交直流油泵联动；
③备用泵良好备用；
④电源线可靠防护

5.动火、检修、试验，可靠隔离

严密关闭

加堵板   氢侧

6.动火、检修、试验前氢气置换

①采用氮气或其他惰性气体；
②惰性气体中氧体积分数<3%；
③死角末端无余氢；
④氢系统中氧和氢至少连续两次分析合格:氧体积分数<0.5%，氢体积分数<0.4%

7.以下情况，禁止置换

①启动并列时；
②预防性试验和拆卸螺栓；
③严禁空气与氢气接触置换

氢冷发电机氢系统火灾风险和预防措施

10.2　氢冷发电机和制氢设备

10.2.1　应在线检测发电机氢冷系统和制氢设备中的氢气纯度和含氧量，并定期进行校正化验。氢纯度和含氧量必须符合规定的标准。氢冷系统中氢气纯度须不低于 96%，含氧量不应大于 1.2%；制氢设备中，气体含氢量不应低于 99.5%，含氧量不应超过 0.5%。如不能达到标准，应立即进行处理，直到合格为止。

10.2.2　氢冷发电机的轴封必须严密，当机组开始启动时，无论有无充氢气，轴封油都不准中断，油压应大于氢压，以防空气进入发电机外壳或氢气充入汽轮机的油系统中而引起爆炸起火。

10.2.3　氢冷发电机运行时，主油箱排烟机应保持经常运行，并在线检测发电机油系统、主油箱内、封闭母线外套内的氢气体积含量。当超过 1% 时，应停机查漏消缺。

10.2.4　密封油系统应运行可靠，并设自动投入双电源或交直流密封油泵联动装置，备用泵（直流泵）必须处于良好备用状态，并应定期试验。两泵电源线应用埋线管或外露部分用耐燃材料外包。

10.2.5　在氢冷发电机及其氢冷系统上不论进行动火作业还是进行检修、试验工作，都必须断开氢气系统，并与运行系统有明确的断开点。充氢侧加装法兰短管，并加装金属盲（堵）板。

10.2.6　动火前或检修试验前，应对检修设备和管道用氮气或其他惰性气体吹洗置换。采用惰性气体置换法应符合下列要求：

① 惰性气体中氧的体积分数不得超过 3%。

② 置换应彻底，防止死角末端残留余氢。

③ 氢气系统内氧或氢的含量应至少连续 2 次分析合格，如氢气系统内氧的体积分数小于或等于 0.5%，氢的体积分数小于或等于 0.4% 时置换结束。

10.2.7 气体介质的置换避免在启动、并列过程中进行。氢气置换过程中不得进行预防性试验和拆卸螺丝等检修工作。置换气体过程中严禁空气与氢气直接接触置换。

10.2.8 应安装漏氢检测装置，监视机组漏氢情况。当机组漏氢量增大，应及时分析原因，并查找泄漏点。

10.2.9 设备和阀门等连接点泄漏检查，可采用肥皂水或合格的携带式可燃气体防爆检测仪，禁止使用明火。

10.2.10 管道、阀门和水封等出现冻结时，应使用热水或蒸汽加热进行解冻，禁止使用明火烤烘或使用锤子等工具敲击。

10.2.11 禁止将氢气排放在建筑物内部。

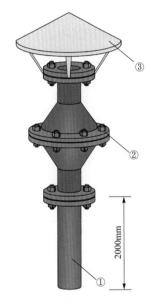

①排放管（接自氢气放空阀，安全阀）；
②阻火器（可有效阻止爆轰火焰通过）；
③防雨罩（防止雨雪落入阻火器内）

放空管及阻火器

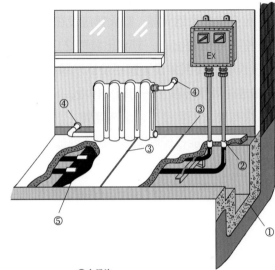

①电缆沟；
②电缆进入电缆沟密封点；
③电缆沟盖板缝隙密封；
④暖气穿墙管密封；
⑤地沟内电缆穿过隔离密封

制氢站电缆、电缆沟和暖气沟孔洞应用防火材料可靠封堵

10.2.12　放空管应符合下列要求：

（1）放空管应设阻火器，阻火器应设在管口处。放空管应采取静电接地，并在避雷保护区内。

（2）室内放空管出口，应高出屋顶 2.0m 以上；在墙外的放空管应超出地面 4.0m 以上，且避开高压电气设备，周围并设置遮栏及标示牌；室外设备的放空管应高于附近有人操作的最高设备 2.0m 以上。排放时周围应禁止一切明火作业。

（3）应有防止雨雪侵入、水汽凝集、冰冻和外来异物堵塞的措施。

（4）放空阀应能在控制室远方操作或放在发生火灾时仍有可能接近的地方。

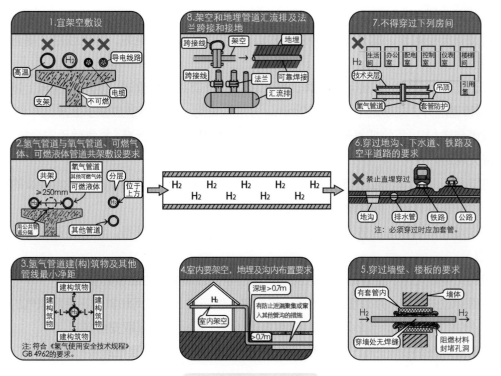

氢气管道的防火布置

10.2.13　氢气管道应符合下列要求：

① 氢气管道宜架空敷设，其支架应为不燃烧体，架空管道不应与电缆、导电线路、高温管线敷设在同一支架上。

② 氢气管道与氧气管道、其他可燃气体、可燃液体的管道共架敷设时，氢气管道与上述管道之间宜用公用工程管道隔开，或净距不少于 250mm。分层敷设时，氢气管道应位于上方。

③ 氢气管道与建（构）筑物或其他管线的最小净距应符合现行国家标准《氢气使用安全技术规程》GB 4962 的有关规定。

④ 室外地沟敷设的管道，应有防止氢气泄漏、积聚或窜入其他沟道的措施。埋地敷设的管道埋深不宜小于 0.7m。室内管道不应敷设在地沟中或直接埋地。

⑤ 管道穿过墙壁或楼板时应敷设在套管内，套管内的管段不应有焊缝，氢气管道穿越处孔洞应用阻燃材料封堵。

⑥ 管道应避免穿过地沟、下水道、铁路及汽车道路等，必须穿过时应设套管。

⑦ 管道不得穿过生活间、办公室、配电室、控制室、仪表室、楼梯间和其他不使用氢气的房间，不宜穿过吊顶、技术（夹）层。当必须穿过吊顶或技术（夹）层时，应采取安全措施。

⑧ 室内外架空或埋地敷设的氢气管道和汇流排及其连接的法兰间宜互相跨接和接地。

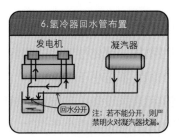

6.氢冷器回水管布置

发电机　凝汽器

回水分开　注：若不能分开，则严
禁明火对凝汽器找漏。

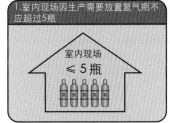

1.室内现场因生产需要放置氢气瓶不应超过5瓶

室内现场
≤ 5 瓶

氢

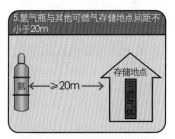

5.氢气瓶与其他可燃气存储地点间距不小于20m

氢　←≥20m→　存储地点

可燃气体

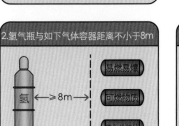

2.氢气瓶与如下气体容器距离不小于8m

氢　≥8m

易燃易爆

可燃物质

氧化性气体

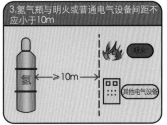

3.氢气瓶与明火或普通电气设备间距不应小于10m

氢　←≥10m→　明火

其他电气设备

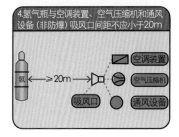

4.氢气瓶与空调装置、空气压缩机和通风设备（非防爆）吸风口间距不应小于20m

氢　←≥20m→

吸风口　空调装置

空气压缩机

通风设备

室内现场因生产使用的氢气瓶的布置和氢冷器回水管布置

10.2.14　室内现场因生产需要使用氢气瓶时，其放置数量不应超过 5 瓶，并应符合下列要求：

（1）氢气瓶与盛有易燃易爆、可燃性物质、氧化性气体的容器和气瓶的间距不应小于 8.0m。

（2）氢气瓶与明火或普通电气设备的间距不应小于 10m。

（3）氢气瓶与空调装置、空气压缩机和通风设备（非防爆）等吸风口的间距不应小于 20m。

（4）氢气瓶与其他可燃性气体储存地点的间距不应小于 20m。

10.2.15　氢冷器的回水管必须与凝汽器出水管分开，并将氢冷器回水管接长直接排入虹吸井内。若氢冷器回水管无法与凝汽器出水管分开，则严禁使用明火对凝汽器管铜找漏。

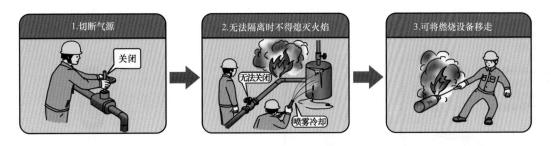

漏氢火灾处理程序

10.2.16 当氢冷发电机着火时，应迅速切断氢源和电源，发电机解列停机，灭火应符合本规程第6.2.5条的规定。

10.2.17 漏氢火灾处理应符合下列要求：

① 应及时切断气源；若不能立即切断气源，不得熄灭正在燃烧的气体，并用水强制冷却着火设备，此外，氢气系统应保持正压状态。

② 采取措施，防止火灾扩大，如采用大量消防水雾喷射其他可燃物质和相邻设备；如有可能，可将燃烧设备从火场移至空旷处。

①实体围墙；
②避雷针；
③排风扇；
④储罐；
⑤玻璃钢冷却塔；
⑥进入氢站的制度及危险提示图匾；
⑦氢站大门；
⑧安全警示标识；
⑨沙箱

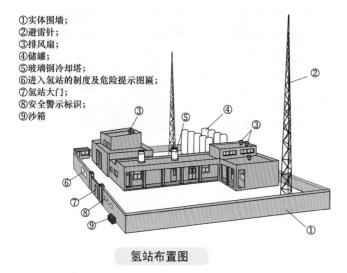

氢站布置图

人体静电释放器

注：该静电释放器为带靠近提示、静电安全
提示功能的新型人体静电释放器，普
通的有立柱带空心球的、立柱空心球
带声音提示的，均用于导除人体静电。

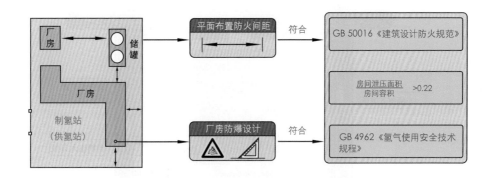

氢站防火设计

注：防火间距是指建筑物之间或建筑物与构筑物之间应当保留的，防止火灾蔓延
扩大和为火灾扑灭提供便利的必要的安全间隔距离，是防止火灾蔓延扩大的
最有效的安全措施。

10.2.18　制氢站、供氢站平面布置的防火间距及厂房防爆设计应符合现行国家标准《建筑设计防火规范》GB 50016 和《氢气使用安全技术规程》GB 4962 的规定。其中泄压面积与房间容积的比例应超过上限 0.22。

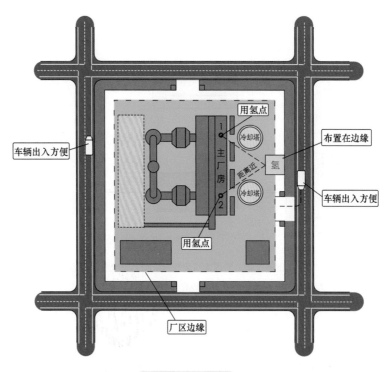

车辆出入方便

用氢点

布置在边缘

车辆出入方便

冷却塔

1

主厂房

距离近

氢

2

冷却塔

用氢点

厂区边缘

氢站位置选择

10.2.19 制氢站、供氢站宜布置于厂区边缘，车辆出入方便的地段，并尽可能靠近主要用氢地点。

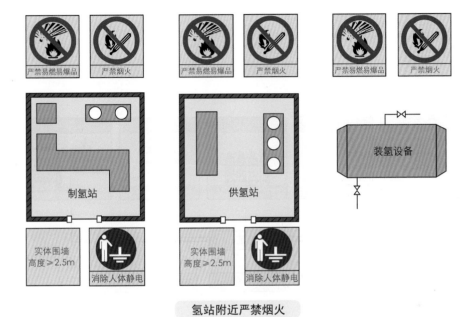

氢站附近严禁烟火

10.2.20　制氢站、供氢站和其他装有氢气的设备附近均严禁烟火，严禁放置易燃易爆物品，并应设"严禁烟火"的警示牌。制氢站、供氢站应设置不燃烧体的实体围墙，其高度不应小于2.5m。入口处应设置人体静电释放器。

10.2.21　制氢站、供氢站的出入制度按本规程第8.3.2条的规定采用。

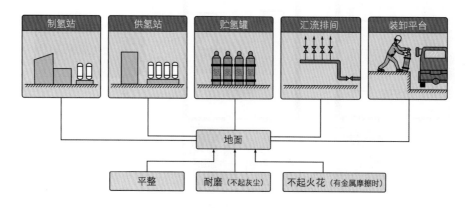

氢站等地面应平整、耐磨、不起火花

10.2.22 制氢站、供氢站、贮氢罐、汇流排间和装卸平台地面应做到平整、耐磨、不发火花。

1.按门铃通知值班员

2.将手机、火种放入火种箱

3.进入氢站前放静电

4.进入氢站前签字

5.讲解进入氢站注意事项

进入氢站的步骤

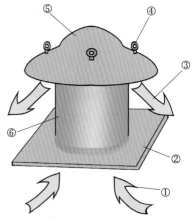

①向内进风；
②风机安装底座；
③向外排风；
④起重吊点；
⑤风机防雨罩帽；
⑥风机风筒壳体

屋顶防爆通风机

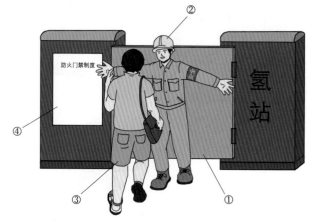

①氢站大门；
②值班人员；
③与工作无关人员；
④防火门禁制度

禁止与工作无关人员进入氢站

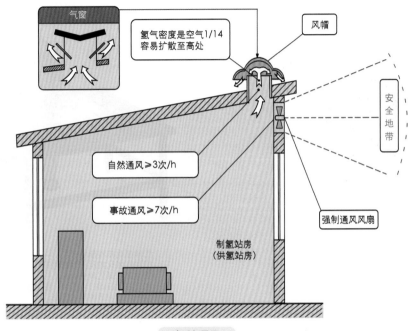

气窗

氢气密度是空气1/14
容易扩散至高处

风帽

安全地带

自然通风≥3次/h

事故通风≥7次/h

强制通风风廊

制氢站房
（供氢站房）

氢站通风

10.2.23 制氢站、供氢站应通风良好，及时排除可燃气体，防止氢气积聚。建筑物顶部或外墙的上部设气窗（楼）或排气孔（通风口），排气孔应面向安全地带。自然通风换气次数每小时不得少于3次，事故通风每小时换气次数不得少于7次。

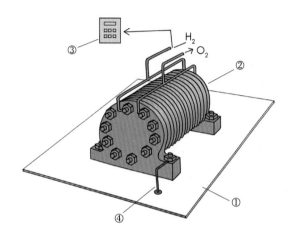

①耐酸碱绝缘胶皮；
②电解槽；
③氢中含氧量监测仪；
④电解槽接地线

制氢电解槽

注：制氢装置良好接地，以防产生静电引起氢气燃烧和爆炸。制氢电解槽氢气出口管上应有带报警的氢中含氧量监测仪表，四周操作地面放橡胶板。

①四氯化碳浸泡桶；
②用四氯化碳浸泡脱脂的管道；
③待用四氯化碳脱脂的法兰；
④正在进行阀门、法兰、管道脱脂清理的工人；
⑤四氯化碳清理溶液槽盒；
⑥脱脂后的阀门；
⑦脱脂后的法兰

清洗油污

注：凡是和氢气、氧气接触的管道、阀门都用四氯化碳清洗以除去油污（依据《工业自动化仪表工程施工及验收规范》GBJ 93—1986）。

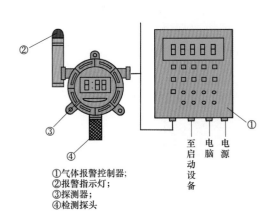

①气体报警控制器；
②报警指示灯；
③探测器；
④检测探头

至启动设备
电脑
电源

固定式氢气泄漏报警器

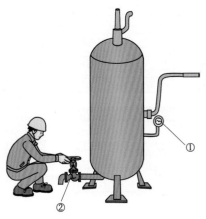

①保持正常氢压，不使外界空气进入系统内；
②定期排污

防止氢爆和燃烧措施

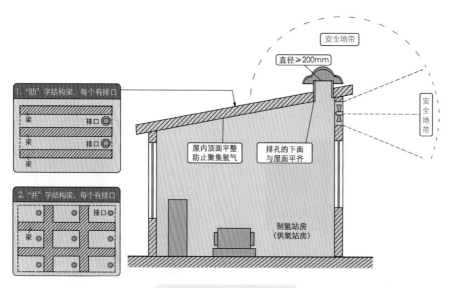

建筑物防氢气集聚措施

注：机械通风符合《爆炸危险环境电力装置设计规范》GB 50058 的规定并不应低于氢气爆炸混合物的级别、组别（ⅡCT1）。

10.2.24　建筑物顶内平面应平整，防止氢气在顶部凹处积聚。建筑物顶部或外墙的上部应设气窗或排气孔。采用自然通风时，排气孔应设在最高处，每个排气孔直径不应少于200mm，并朝向安全地带。屋顶如有梁隔成 2 个以上的间隔，或"井"字结构、"肋"字结构，则每个间隔内应设排气孔。排气孔的下边应与屋顶内表面齐平，以防止氢气积聚。

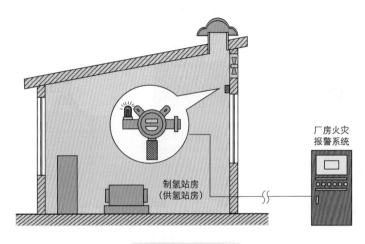

制氢站房
（供氢站房）

厂房火灾
报警系统

设置氢气探测器

10.2.25 制氢站、供氢站应设氢气探测器。氢气探测器的报警信号应接入厂火灾自动报警系统。

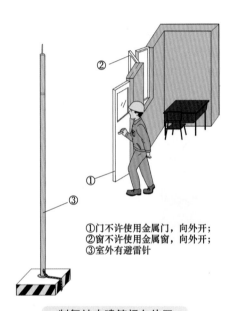

①门不许使用金属门，向外开；
②窗不许使用金属窗，向外开；
③室外有避雷针

制氢站内建筑门向外开

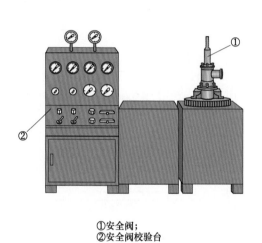

①安全阀；
②安全阀校验台

储气罐上安全阀定期校验，动作良好

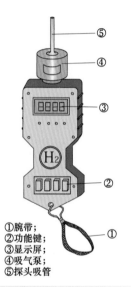

①腕带；
②功能键；
③显示屏；
④吸气泵；
⑤探头吸管

泵吸收式便携氢气检测仪

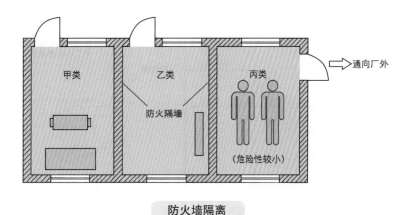

防火墙隔离

10.2.26 制氢站、供氢站同一建筑物内，不同火灾危险性类别的房间，应用防火墙隔开。应将人员集中的房间布置在火灾危险性较小的一端，门应直通厂房外。

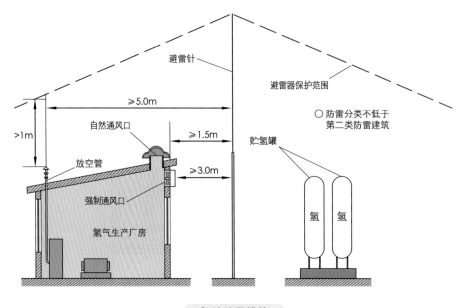

避雷针

避雷器保护范围

≥5.0m

自然通风口

>1m

≥1.5m

贮氢罐

放空管

○ 防雷分类不低于
第二类防雷建筑

≥3.0m

强制通风口

氢气生产厂房

氢

氢

氢站防雷措施

10.2.27　氢气生产系统的厂房和贮氢罐等应有可靠的防雷设施。避雷针与自然通风口的水平距离不应少于 1.5m，与强迫通风口的距离不应少于 3.0m；与放空管口的距离不应少于 5.0m。避雷针的保护范围应高出放空管口 1.0m 以上。

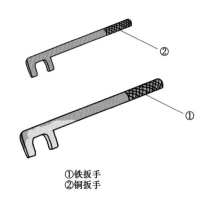

①铁扳手
②铜扳手

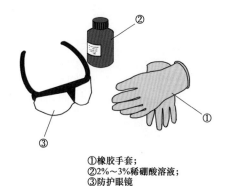

①橡胶手套；
②2%～3%稀硼酸溶液；
③防护眼镜

①防静电鞋（禁止穿带钉子的鞋进入氢站）；
②防静电服；
③泵吸便携式氢检测仪；
④禁止携带火种、手机、对讲机、禁止吸烟标识

氢区作业使用铜制阀门扳手 或涂黄甘油铁质扳手

防护装备

动火作业着装要求

注：制氢站内备有橡胶手套、防护眼镜、2%～3%稀
硼酸溶液，用于发生碱溶液喷溅伤害时的防护。

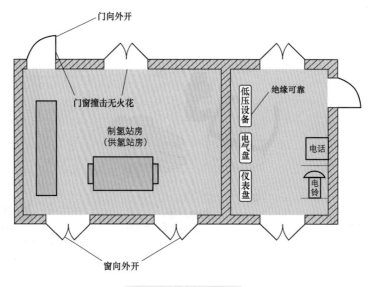

门向外开

门窗撞击无火花

制氢站房
（供氢站房）

低压设备   绝缘可靠

电气盘

仪表盘

电话

电铃

窗向外开

氢站门窗向外开启

10.2.28　制氢站、供氢站有爆炸危险房间的门窗应向外开启，并应采用撞击时不产生火花的材料制作。仪表等低压设备应有可靠绝缘，电气控制盘、仪表控制盘、电话电铃应布置在相邻的控制室内。

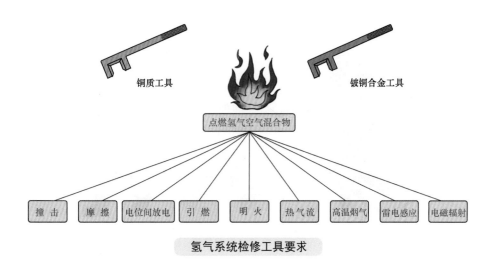

铜质工具

铍铜合金工具

点燃氢气空气混合物

撞 击　摩 擦　电位间放电　引 燃　明 火　热气流　高温烟气　雷电感应　电磁辐射

氢气系统检修工具要求

10.2.29　氢气系统设备检修或检验，必须使用不产生火花的工具。

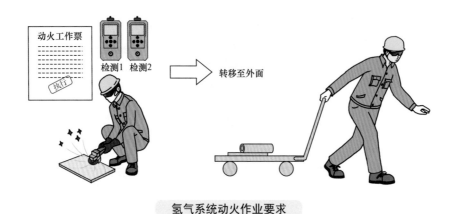

氢气系统动火作业要求

10.2.30　氢气系统设备要动火检修，或进行能产生火花的作业时，应尽可能将需要修理的部件移到厂房外安全地点进行。如必须在现场动火作业，应执行动火工作制度。

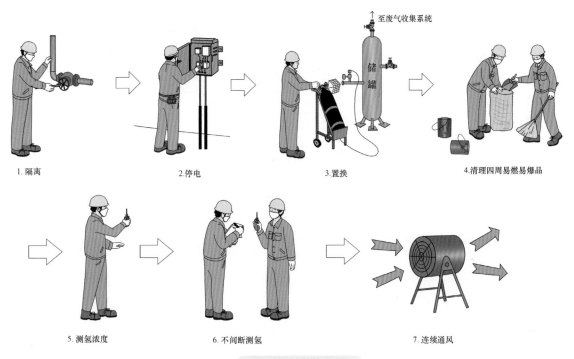

1. 隔离　　　　2.停电　　　　3.置换　　　　4.清理四周易燃易爆品

5. 测氢浓度　　　　6.不间断测氢　　　　7.连续通风

氢站氢气置换程序

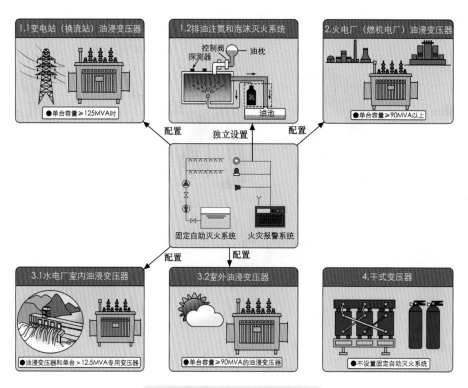

1.1变电站（换流站）油浸变压器

● 单台容量≥125MVA时

1.2排油注氮和泡沫灭火系统

控制阀
探测器
油枕
氮
油池

2.火电厂（燃机电厂）油浸变压器

● 单台容量≥90MVA以上

配置

独立设置

配置

固定自助灭火系统　　火灾报警系统

配置

配置

配置

3.1水电厂室内油浸变压器

● 油浸变压器和单台＞12.5MVA专用变压器

3.2室外油浸变压器

● 单台容量≥90MVA的油浸变压器

4.干式变压器

● 不设置固定自动灭火系统

油浸变压器固定自动灭火系统

10.3 油浸式变压器

10.3.1 固定自动灭火系统，应符合下列要求：

1 变电站（换流站）单台容量为 125MVA 及以上的油浸式变压器应设置固定自动灭火系统及火灾自动报警系统；变压器排油注氮灭火装置和泡沫喷雾灭火装置的火灾报警系统宜单独设置。

2 火电厂包括燃机电厂单台容量为 90MVA 及以上的油浸式变压器应设置固定自动灭火系统及火灾自动报警系统。

3 水电厂室内油浸式主变压器和单台容量 12.5MVA 以上的厂用变压器应设置固定自动灭火系统及火灾自动报警系统；室外单台容量 90MVA 及以上的油浸式变压器应设置固定自动灭火系统及火灾自动报警系统。

4 干式变压器可不设置固定自动灭火系统。

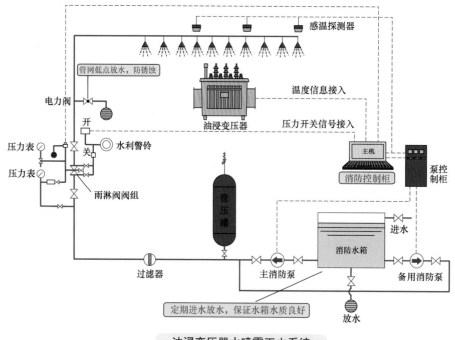

油浸变压器水喷雾灭火系统

10.3.2 采用水喷雾灭火系统时，水喷雾灭火系统管网应有低点放空措施，存有水喷雾灭火水量的消防水池应有定期放空及换水措施。

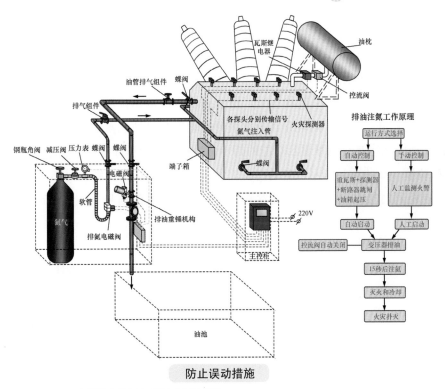

防止误动措施

注：1. 定期检查排氮电磁阀或电制动器；

2. 注氮管路与排油机构联锁，排氮误动也会被隔阻；

3. 油管路检修阀（二蝶阀）关闭后信号上传主控柜后禁止启动排油注氨系统；

4. 火灾探测器独立布置，一个损坏其他均可以正常工作。

10.3.3　采用排油注氮灭火装置应符合下列要求：

① 排油注氮灭火系统应有防误动的措施。

② 排油管路上的检修阀处于关闭状态时，检修阀应能向消防控制柜提供检修状态的信号。消防控制柜接收到的消防启动信号后，应能禁止灭火装置启动实施排油注氮动作。

③ 消防控制柜面板应具有如下显示功能的指示灯或按钮：指示灯自检，消音，阀门（包括排油阀、氮气释放阀等）位置（或状态）指示，自动启动信号指示，气瓶压力报警信号指示等。

④ 消防控制柜同时接收到火灾探测装置和气体继电器传输的信号后，发出声光报警信号并执行排油注氮动作。

⑤ 火灾探测器布线应独立引线至消防端子箱。

10.3.4　采用泡沫喷雾灭火装置时，应符合现行国家标准《泡沫灭火系统设计规范》GB 50151 的有关规定。

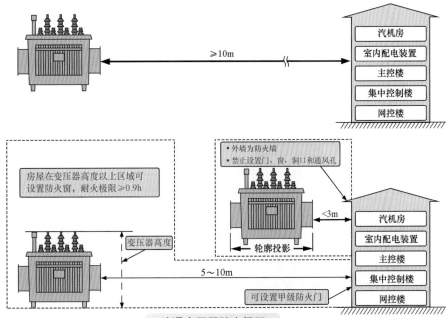

油浸变压器防火间距

注：1. 依据《火力发电厂与变电站设计防火标准》GB 50229 中 4.0.9 条、5.3.10 条。
   2. 空冷平台下方布置变压器，运煤栈桥下方布置变压器，变压器及其他带油电气设备之间距离，
      分别参考《火力发电厂与变电站设计防火标准》GB 50229 中 5.3.17、5.3.16、6.7 等条款。

10.3.5 户外油浸式变压器、户外配电装置之间及与各建（构）筑物的防火间距，户内外含油设备事故排油要求应符合现行国家标准《火力发电厂与变电站设计防火规范》GB 50229 的有关规定。

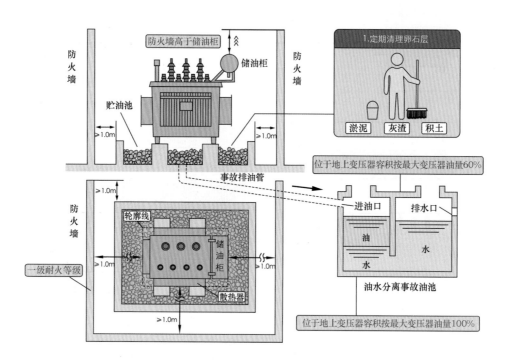

变压器事故排油

10.3.6　户外油浸式变压器之间设置防火墙时应符合下列要求：

① 防火墙的高度应高于变压器储油柜；防火墙的长度不应小于变压器的贮油池两侧各 1.0m。

② 防火墙与变压器散热器外廓距离不应小于 1.0m。

③ 防火墙应达到一级耐火等级。

10.3.7　变压器事故排油应符合下列要求：

① 设置有带油水分离措施的总事故油池时，位于地面之上的变压器对应的总事故油池容量应按最大一台变压器油量的 60% 确定；位于地面之下的变压器对应的总事故油池容量应按最大一台主变压器油量的 100% 确定。

② 事故油坑设有卵石层时，应定期检查和清理，以不被淤泥、灰渣及积土所堵塞。

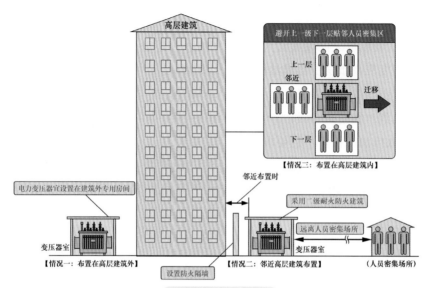

电力变压器布置

10.3.8　高层建筑内的电力变压器等设备，宜设置在高层建筑外的专用房间内。

当受条件限制需与高层建筑贴邻布置时，应设置在耐火等级不低于二级的建筑内，并应采用防火墙与高层建筑隔开，且不应贴邻人员密集场所。

受条件限制需布置在高层建筑内时，不应布置在人员密集场所的上一层、下一层或贴邻。并应符合现行国家标准《高层民用建筑设计防火规范》GB 50045 的相关规定。

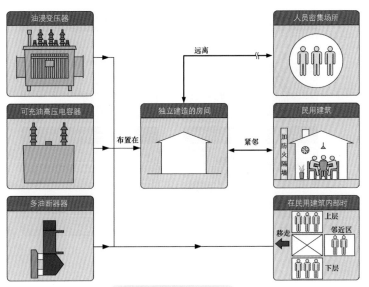

油浸变压器等布置

10.3.9 油浸式变压器、充有可燃油的高压电容器和多油断路器等用房宜独立建造。当确有困难时可贴邻民用建筑布置，但应采用防火墙隔开，且不应贴邻人员密集场所。

油浸式变压器、充有可燃油的高压电容器和多油断路器等受条件限制必须布置在民用建筑内时，不应布置在人员密集场所的上一层、下一层或贴邻，且应符合现行国家标准《建筑设计防火规范》GB 50016 的相关规定。

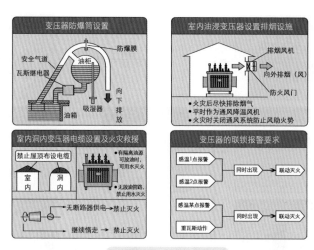

变压器内消防要求

10.3.10 变压器防爆筒的出口端应向下，并防止产生阻力，防爆膜宜采用脆性材料。

10.3.11 室内的油浸式变压器，宜设置事故排烟设施。火灾时，通风系统应停用。

10.3.12 室内或洞内变压器的顶部，不宜敷设电缆。室外变电站和有隔离油源设施的室内油浸设备失火时，可用水灭火，无放油管路时，不应用水灭火。发电机变压器组中间无断路器，若失火，在发电机未停止惰走前，严禁人员靠近变压器灭火。

10.3.13 变压器火灾报警探测器两点报警，或一点报警且重瓦斯保护动作，可认为变压器发生火灾，应联动相应灭火设备。

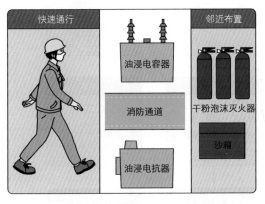

设置消防通道

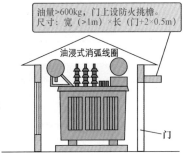

油浸式消弧线圈布置在专用房间

10.4 油浸电抗器（电容器）、消弧线圈和互感器

10.4.1 油浸电抗器、电容器装置应就近设置能灭油火的消防设施，并应设有消防通道。

10.4.2 高层建筑内的油浸式消弧线圈等设备，当油量大于 600kg 时，应布置在专用的房间内，外墙开门处上方应设置防火挑檐，挑檐的宽度不应小于 1.0m，而长度为门的宽度两侧各加 0.5m。

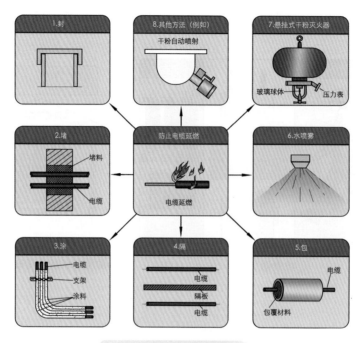

防止电缆火灾延燃措施

10.5 电缆

10.5.1 防止电缆火灾延燃的措施应包括封、堵、涂、隔、包、水喷雾、悬挂式干粉等措施。

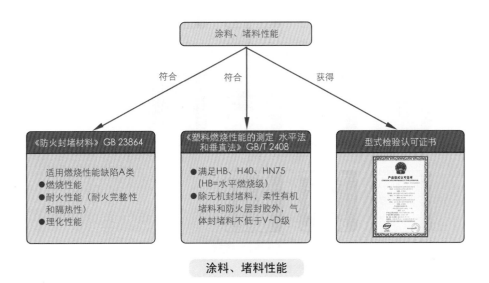

涂料、堵料性能

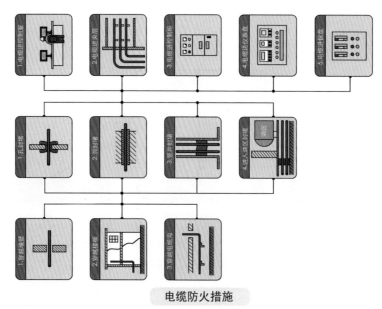

电缆防火措施

注：1. 电缆可以涂耐火涂料或其他阻燃物质。

2. 防火封堵应符合《建筑防火封堵应用技术规程》CECS 154。

10.5.3　凡穿越墙壁、楼板和电缆沟道而进入控制室、电缆夹层、控制柜及仪表盘、保护盘等处的电缆孔、洞、竖井和进入油区的电缆入口处必须用防火堵料严密封堵。发电厂的电缆沿一定长度可涂以耐火涂料或其他阻燃物质。靠近充油设备的电缆沟，应设有防火延燃措施，盖板应封堵。防火封堵应符合现行行业标准《建筑防火封堵应用技术规程》CECS 154 的有关规定。

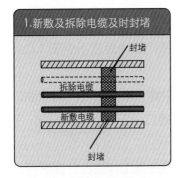

1.新敷及拆除电缆及时封堵

封堵

拆除电缆

新敷电缆

封堵

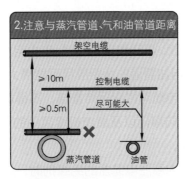

2.注意与蒸汽管道、气和油管道距离

架空电缆

≥10m 控制电缆

≥0.5m 尽可能大

蒸汽管道 油管

3.电缆夹层，隧道，竖井沟保持整洁

电缆夹层

电缆隧道

保持整洁

电缆竖井

电缆沟

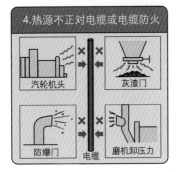

4.热源不正对电缆或电缆防火

汽轮机头

灰渣门

防爆门

电缆

磨机卸压力

5.在外面熔化灌注用绝缘剂

在外面熔化

熔化后灌注

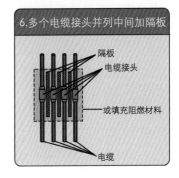

6.多个电缆接头并列中间加隔板

隔板

电缆接头

或填充阻燃材料

电缆

10.5.4　在已完成电缆防火措施的电缆孔洞等处新敷设或拆除电缆，必须及时重新做好相应的防火封堵措施。

10.5.5　严禁将电缆直接搁置在蒸汽管道上，架空敷设电缆时，电力电缆与蒸汽管净距应不少于 1.0m，控制电缆与蒸汽管净距应不少于 0.5m，与油管道的净距应尽可能增大。

10.5.6　电缆夹层、隧（廊）道、竖井、电缆沟内应保持整洁，不得堆放杂物，电缆沟洞严禁积油。

10.5.7　汽轮机机头附近、锅炉灰渣孔、防爆门以及磨煤机冷风门的泄压喷口，不得正对着电缆，否则必须采取罩盖、封闭式槽盒等防火措施。

10.5.8　在电缆夹层、隧（廊）道、沟洞内灌注电缆盒的绝缘剂时，熔化绝缘剂工作应在外面进行。

10.5.9　在多个电缆头并排安装的场合中，应在电缆头之间加隔板或填充阻燃材料。

佩戴正压呼吸器

绝缘手套

绝缘鞋

佩戴正压呼吸器

电缆芯　阻燃包带　　　　　　绝缘层

电缆接头盒

电力电缆接头

注：1. 阻燃防火包带执行《防火封堵材料》GB 23864。
　　2. 自粘防火包带执行《单根电线电缆燃烧试验方法》GB 12666—2008。

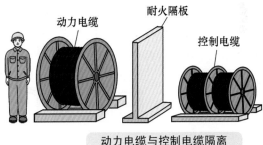

动力电缆　　　　耐火隔板

控制电缆

动力电缆与控制电缆隔离

注：电缆混放，一旦发生火灾会扩大事故。

10.5.10　进行扑灭隧（廊）道、通风不良场所的电缆头着火时，应使用正压式消防空气呼吸器及绝缘手套，并穿上绝缘鞋。

10.5.11　电力电缆中间接头盒的两侧及其邻近区域，应增加防火包带等阻燃措施。

10.5.12　施工中动力电缆与控制电缆不应混放、分布不均及堆积乱放。在动力电缆与控制电缆之间，应设置层间耐火隔板。

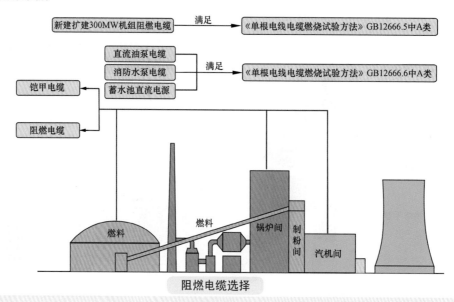

阻燃电缆选择

10.5.13　火力发电厂汽轮机,锅炉房、输煤系统宜使用铠甲电缆或阻燃电缆,不适用普通塑料电缆,并应符合下列要求:

① 新建或扩建的 300MW 及以上机组应采用满足现行国家标准《电线电缆燃烧实验方法》GB 12666.5 中 A 类成束燃烧试验条件的阻燃型电缆。

② 对于重要回路(如直流油泵、消防水泵及蓄电池直流电源线路等),应采用满足现行国家标准《电线电缆燃烧实验方法》GB 12666.6 中 A 类耐火强度试验条件的耐火型电缆。

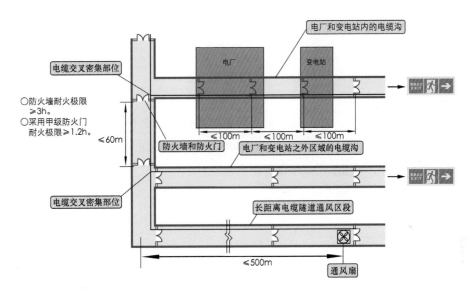

电缆隧道防火措施

10.5.14　电缆隧道的下列部位宜设置防火分隔，采用防火墙上设置防火门的形式：

① 电缆进出隧道的出入口及隧道分支处。

② 电缆隧道位于电厂、变电站内时，间隔不大于 100m 处。

③ 电缆隧道位于电厂、变电站外时，间隔不大于 200m 处。

④ 长距离电缆隧道通风区段处，且间隔不大于 500m。

⑤ 电缆交叉、密集部位，间隔不大于 60m。

　　防火墙耐火极限不宜低于 3.0h，防火门应采用甲级防火门（耐火极限不宜低于 1.2h）且防火门的设置应符合现行国家标准《建筑设计防火规范》GB 50016 的有关规定。

10.5.15　发电厂电缆竖井中，宜每隔 7.0m 设置阻火隔层。

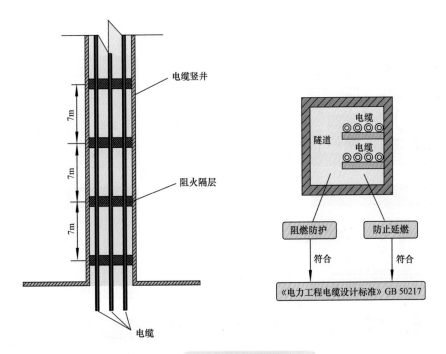

电缆隧道内阻燃防护

10.5.16 电缆隧道内电缆的阻燃防护和防止延燃措施应符合现行国家标准《电力工程电缆设计标准》GB 50217 的有关规定。

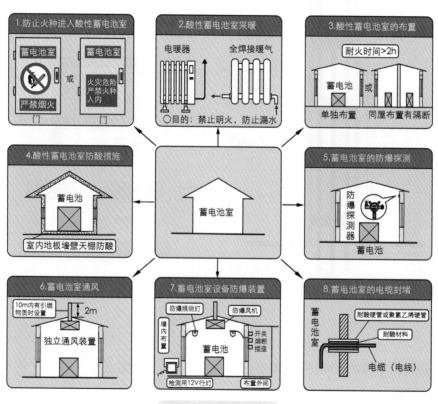

蓄电池室消防措施

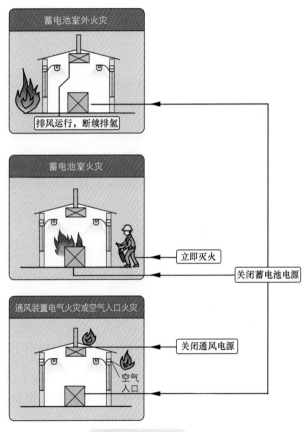

蓄电池室火灾

10.6 蓄电池室

10.6.1 酸性蓄电池室应符合下列要求：

① 严禁在蓄电池室内吸烟和将任何火种带入蓄电池室内。蓄电池室门上应有"蓄电池室""严禁烟火"或"火灾危险，严禁火种入内"等标志牌。

② 蓄电池室采暖宜采用电采暖器，严禁采用明火取暖。若确有困难需采用水采暖时，散热器应选用钢质，管道应采用整体焊接。采暖管道不宜穿越蓄电池室楼板。

③ 蓄电池室每组宜布置在单独的室内，如确有困难，应在每组蓄电池之间设耐火时间为大于 2.0h 的防火隔断。蓄电池室门应向外开。

④ 酸性蓄电池室内装修应有防酸措施。

⑤ 容易产生爆炸性气体的蓄电池室内应安装防爆型探测器。

⑥ 蓄电池室应装有通风装置，通风道应单独设置，不应通向烟道或厂房内的总通风系统。离通风管出口处 10m 内有引爆物质场所时，则通风管的出风口至少应高出该建筑物屋顶 2.0m。

⑦ 蓄电池室应使用防爆型照明和防爆型排风机，开关、熔断器、插座等应装在蓄电池室的外面。蓄电池室的照明线应采用耐酸导线，并用暗线敷设。检修用行灯应采用 12V 防爆灯，其电缆应用绝缘良好的胶质软线。

⑧ 凡是进出蓄电池室的电缆、电线，在穿墙处应用耐酸瓷管或聚氯乙烯硬管穿线，并在其进出口端用耐酸材料将管口封堵。

⑨ 当蓄电池室受到外界火势威胁时，应立即停止充电，如充电刚完毕，则应继续开启排风机，抽出室内氢气。

⑩ 蓄电池室火灾时，应立即停止充电并灭火。

⑪ 蓄电池室通风装置的电气设备或蓄电池室的空气入口处附近火灾时，应立即切断该设备的电源。

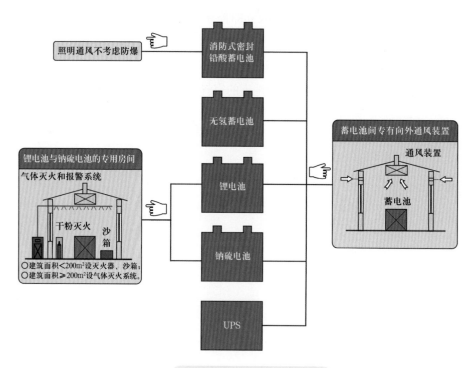

照明通风不考虑防爆

消防式密封铅酸蓄电池

无氢蓄电池

锂电池与钠硫电池的专用房间

气体灭火和报警系统

干粉灭火　沙箱

○建筑面积＜200m²设灭火器、沙箱；
○建筑面积≥200m²设气体灭火系统。

锂电池

钠硫电池

UPS

蓄电池间专有向外通风装置

通风装置

蓄电池

其他蓄电池室的消防措施

10.6.2　其他蓄电池室（阀控式密封铅酸蓄电池室、无氢蓄电池室、锂电池室、钠硫电池、UPS 室等）应符合下列要求：

1　蓄电池室应装有通向室外的有效通风装置，阀控式密封铅酸蓄电池室内的照明、通风设备可不考虑防爆。

2　锂电池、钠硫电池应设置在专用房间内，建筑面积小于 $200m^2$ 时，应设置干粉灭火器和消防沙箱；建筑面积不小于 $200m^2$ 时，宜设置气体灭火系统和自动报警系统。

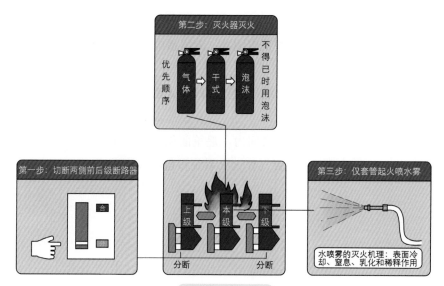

油断路器灭火

注：直接关闭失火断熔器可能拒动或无法灭弧而爆炸。

10.7　其他电气设备

10.7.1　油断路器火灾时，严禁直接切断起火断路器电源，应切断其两侧前后一级的断路器电源，然后进行灭火。首先采用气体、干式灭火器等进行灭火，不得已时可用泡沫灭火器灭火。如仅套管外部起火，亦可用喷雾水枪扑救。

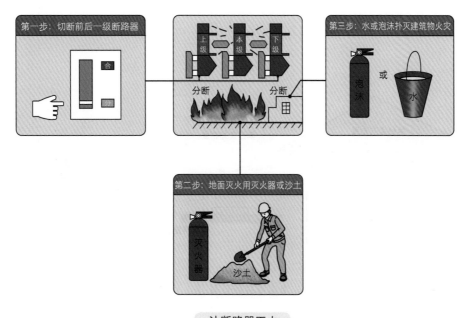

油断路器灭火

10.7.2 断路器内部燃烧爆炸使油四溅，扩大燃烧面积时，除用灭火器灭火外，可用干沙扑灭地面上的燃油，用水或泡沫灭火器扑灭建筑物上的火焰。

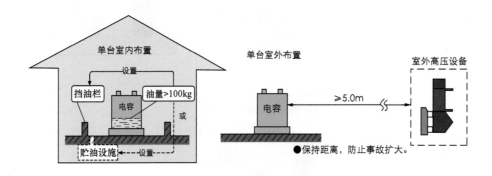

电力电容器布置

10.7.3 户内布置的单台电力电容器油量超过 100kg 时，应有贮油设施或挡油栏。户外布置的电力电容器与高压电气设备需保持 5.0m 及以上的距离，防止事故扩大。

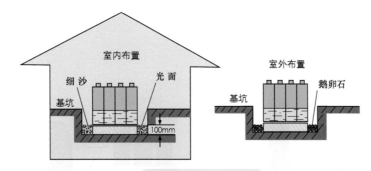

集合式电容器布置

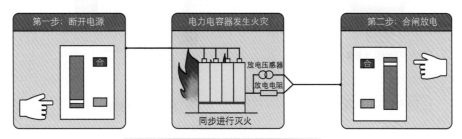

电力电容器发生火灾时采取的措施

10.7.4 集合式电容器室内布置时，基坑地面宜采用水泥砂浆抹面并压光，在其上面铺以 100mm 厚的细砂。如室外布置，则基坑宜采用水泥砂浆抹面，在挡油设施内铺以卵石（或碎石）。

10.7.5 电力电容器发生火灾时，应立即断开电源，并把电容器投向放电电阻或放电电压互感器。

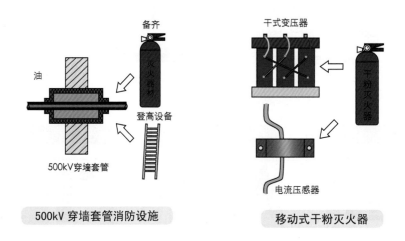

500kV 穿墙套管消防设施　　　　移动式干粉灭火器

10.7.6　500kV 的穿墙套管，其内部的绝缘体充有绝缘油，应作为消防的重点对象，需备有足够的消防器材和蹬高设备。

10.7.7　干式变压器、电流互感器等电气设备宜配置移动式干粉灭火器。

10.7.8 低压配线的选择，除按其允许载流量应大于负荷的电流总和外，常用导线的型号及使用场所应符合表 10.7.8 的规定。

表 10.7.8 常用导线的型号及使用场所

导线型号	导线详情	使用场所
BLX	棉纱编织，橡皮绝缘线（铅芯）	正常干燥环境
BX	棉纱编织，橡皮绝缘线（铜芯）	
RXS	棉纱编织，橡皮绝缘双绞软线（铜芯）	室内干燥环境，日用电器用
RS	棉纱总编织，橡皮绝缘软线（铜芯）	
BVV	铜芯，聚氯乙烯绝缘，聚氯乙烯护套电线	潮湿和特别潮湿的环境
BLVV	铝芯，聚氯乙烯绝缘，聚氯乙烯护套电线	
BXF	铜芯，聚丁橡皮绝缘电线	多尘环境（不含火灾及爆炸危险尘埃）
BLV	铝芯，聚氯乙烯绝缘电线	
BV	铜芯，聚氯乙烯绝缘电线	有腐蚀性的环境
ZL11	铜芯，纸绝缘铝包一级防腐电力电缆	
ZLL11	铝芯，纸绝缘铝包一级防腐电力电缆	
BBX	铜芯，玻璃丝编织橡皮线	有火灾危险的环境
BBLX	铝芯，玻璃丝编织橡皮线	
ZL	铜芯，纸绝缘铝包电力电缆	
ZLL	铝芯，纸绝缘铝包电力电缆	

11　调度室、控制室、计算机室、通信室、档案室消防

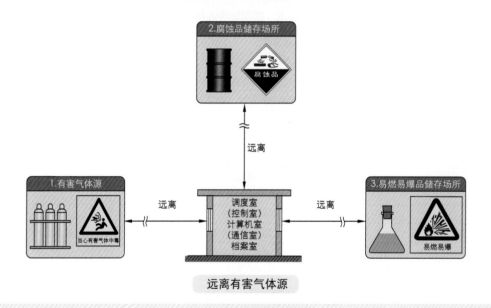

远离有害气体源

11.0.1　各室应建在远离有害气体源、存放腐蚀及易燃易爆物的场所。

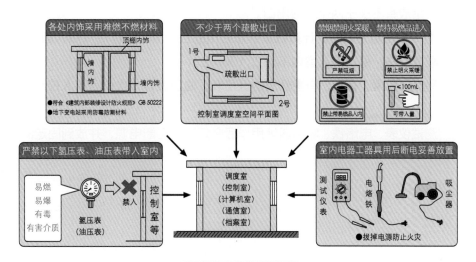

各处内饰采用难燃不燃材料
顶棚内饰
墙内饰
墙内饰
●符合《建筑内部装修设计防火规范》GB 50222
●地下变电站采用防霉防潮材料

不少于两个疏散出口
1号
疏散出口
2号
控制室调度室空间平面图

禁烟禁明火采暖，禁持易燃品进入
严禁吸烟
禁止明火采暖
禁止带易燃品入内
≤100mL
可带入量

严禁以下氢压表、油压表带入室内
易燃
易爆
有毒
有害介质
禁入
控制室等
氢压表（油压表）

室内电器工器具用后断电妥善放置
测试仪表
电烙铁
吸尘器
●拔掉电源防止火灾

调度室
（控制室）
（计算机室）
（通信室）
（档案室）

调度室等防火措施

11.0.2　各室的隔墙、顶棚内装饰,应采用难燃或不燃材料。建筑内部装修材料应符合现行国家标准《建筑内部装修设计防火规范》GB 50222 的有关规定，地下变电站宜采用防霉耐潮材料。

11.0.3　控制室、调度室应有不少于两个疏散出口。

11.0.4　各室严禁吸烟，禁止明火取暖。计算机室维修必用的各种溶剂，包括汽油、酒精、丙酮、甲苯等易燃溶剂应采用限量办法，每次带入室内不超过 100mL。

11.0.5　严禁将带有易燃、易爆、有毒、有害介质的氢压表、油压表等一次仪表装入控制室、调度室、计算机室。

11.0.6　室内使用的测试仪表、电烙铁、吸尘器等用毕后必须及时切断电源，并放到固定的金属架上。

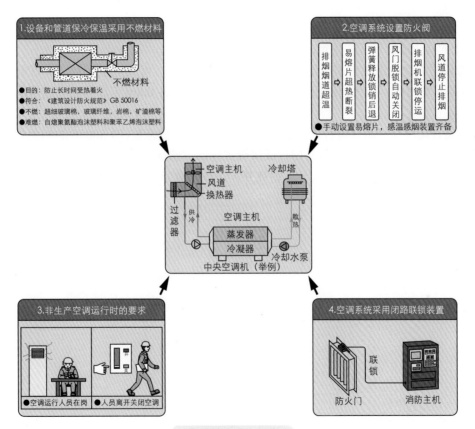

1.设备和管道保冷保温采用不燃材料

不燃材料

●目的：防止长时间受热着火
●符合：《建筑设计防火规范》GB 50016
●不燃：超细玻璃棉，玻璃纤维，岩棉，矿渣棉等
●难燃：自熄聚氨酯泡沫塑料和聚苯乙烯泡沫塑料

2.空调系统设置防火阀

排烟烟道超温 → 易熔片超热断裂 → 弹簧释放锁销后退 → 风门脱锁自动关闭 → 排烟机联锁停运 → 风道停止排烟

●手动设置易熔片，感温感烟装置齐备

空调主机
风道
换热器
过滤器
供冷
冷却塔
空调主机
蒸发器
冷凝器
散热
冷却水泵
中央空调机（举例）

3.非生产空调运行时的要求

●空调运行人员在岗　●人员离开关闭空调

4.空调系统采用闭路联锁装置

联锁
防火门　消防主机

空调系统防火规定

11.0.7　空调系统的防火应符合下列规定：

① 设备和管道的保冷、保温宜采用不燃材料，当确有困难时，可采用燃烧产物毒性较小且烟密度等级不大于 50 的难燃材料。防火阀前后各 2.0m、电加热器前后各 0.8m 范围内的管道及其绝热材料均应采用不燃材料。

② 通风管道装设防火阀应符合现行国家标准《建筑设计防火规范》GB 50016 的相关规定。防火阀既要有手动装置，同时要在关键部位装易熔片或风管式感温、感烟装置。

③ 非生产用空调机在运转时，值班人员不得离开，工作结束时该空调机必须停用。

④ 空调系统应采用闭路联锁装置。

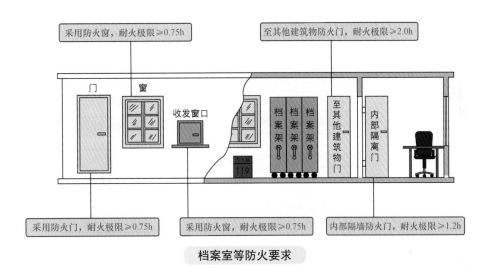

采用防火窗，耐火极限≥0.75h

至其他建筑物防火门，耐火极限≥2.0h

门 窗 收发窗口

档案架 档案架 档案架 至其他建筑物门 内部隔离门

灭火器 119

采用防火门，耐火极限≥0.75h

采用防火窗，耐火极限≥0.75h

内部隔墙防火门，耐火极限≥1.2h

档案室等防火要求

11.0.8　档案室收发档案材料的门洞及窗口应安装防火门窗，其耐火极限不得低于 0.75h。

11.0.9　档案室与其他建筑物直接相通的门均应做防火门，其耐火极限应不小于 2.0h；内部分隔墙上开设的门也要采取防火措施，耐火极限要求为 1.2h。

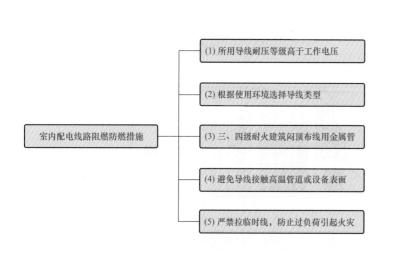

各室配电线路阻燃和防延燃措施

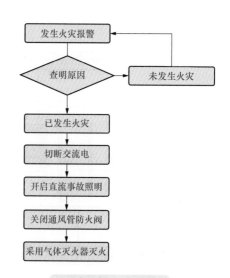

调度室等火灾处理

注：部分档案室（或其他房间）可能带有惰性气体消防系统。

11.0.10 各室配电线路应采用阻燃措施或防延燃措施，严禁任意拉接临时电线。

11.0.11 各室一旦发生火灾报警，应迅速查明原因，及时消除警情。若已发生火灾，则应切断交流电源，开启直流事故照明，关闭通风管防火阀，采用气体等灭火器进行灭火。

12 发电厂和变电站其他消防

1.动火执行人训练时，有持证焊工在场

8.禁止乙炔、氧气软管重压、热物压等

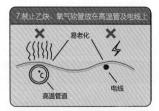

7.禁止乙炔、氧气软管放在高温管及电线上

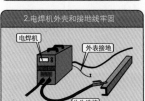

2.电焊机外壳和接地线牢固

电焊　气焊

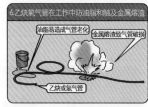

6.乙炔氧气管在工作中防油脂和触及金属熔渣

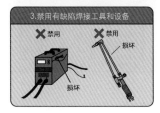

3.禁用有缺陷焊接工具和设备

4.气焊与电焊不应该上下交叉作业

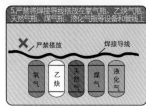

5.严禁将焊接导线搭放在氧气瓶、乙炔气瓶、天然气瓶、煤气瓶、液化气瓶等设备和管线上

电焊和气焊作业注意事项

1.不是电焊、气焊工

非焊工

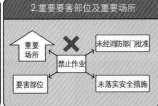

2.重要要害部位及重要场所

重要场所

禁止作业 → 未经消防部门批准

要害部位 → 未落实安全措施

3.不了解周围是否有易燃易爆品

4.不了解焊割内部是否有易燃易爆危险性

5.盛装过易燃易爆液体气体容器未经彻底清洗

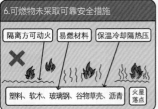

6.可燃物未采取可靠安全措施

隔离方可动火　易燃材料　保温冷却隔热压

塑料、软木、玻璃钢、谷物草壳、沥青

火星落点

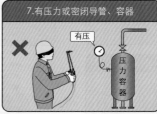

7.有压力或密闭导管、容器

有压

压力容器

8.焊割部位附近有易燃易爆品

未清理及采取有效安全措施附近禁止动火

9.禁火区内未经消防安全部门批准

消防安全人员

禁火区

禁止动火

10.附近有与明火作业抵触的工种在作业

刷漆　喷漆

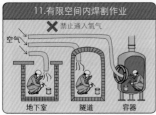

11.有限空间内焊割作业

禁止通入氧气

空气

地下室　隧道　容器

电焊、气焊作业的要求

12.1 电焊和气焊

12.1.1 动火执行人在持证前的训练过程中，应有持证焊工在场指导。

12.1.2 电焊机外壳必须接地，接地线应牢固地接在被焊物体上或附近接地网的接地点上，防止产生电火花。

12.1.3 禁止使用有缺陷的焊接工具和设备。气焊与电焊不应该上下交叉作业。通气的乙炔、氧气软管上方禁止动火作业。

12.1.4 严禁将焊接导线搭放在氧气瓶、乙炔气瓶、天然气、煤气、液化气等设备和管线上。

12.1.5 乙炔和氧气软管在工作中应防止沾染油脂或触及金属熔渣。禁止把乙炔和氧气软管放在高温管道和电线上。不得把重物、热物压在软管上，也不得把软管放在运输道上，不得把软管和电焊用的导线敷设在一起。

12.1.6 电焊、气焊作业应符合下列要求：

① 不是电焊、气焊工不能焊割。

② 重点要害部位及重要场所未经消防安全部门批准，未落实安全措施不能焊割。

③ 不了解焊割地点及周围有否易燃易爆物品等情况不能焊割。

④ 不了解焊割物内部是否存在易燃、易爆的危险性不能焊割。

⑤ 盛装过易燃、易爆的液体、气体的容器未经彻底清洗，排除危险性之前不能焊割。

⑥ 用塑料、软木、玻璃钢、谷物草壳、沥青等可燃材料做保温层、冷却层、隔热等的部位，或

火星飞溅到的地方，在未采取切实可靠的安全措施之前不能焊割。

(7) 有压力或密闭的导管、容器等不能焊割。

(8) 焊割部位附近有易燃易爆物品，在未做清理或未采取有效的安全措施前不能焊割。

(9) 在禁火区内未经消防安全部门批准不能焊割。

(10) 附近有与明火作业有抵触的工种在作业（如刷漆、喷涂胶水等）不能焊割。

1.清除焊接设备附近和下方的易燃可燃物品

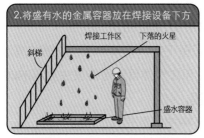

2.将盛有水的金属容器放在焊接设备下方

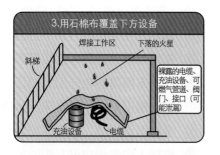

3.用石棉布覆盖下方设备

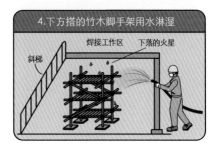

4.下方搭的竹木脚手架用水淋湿

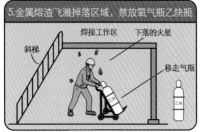

5.金属熔渣飞溅掉落区域，禁放氧气瓶乙炔瓶

6.焊接工作全程设专职监护人，发现火情立即灭火并停止工作

高处进行焊接工作应符合的要求

12.1.7 地下室、隧道及金属容器内焊割作业时，严禁通入纯氧气用作调节空气或清扫空间。

12.1.8 高处进行焊接工作应符合下列要求：

① 清除焊接设备附近和下方的易燃、可燃物品。

② 将盛有水的金属容器放在焊接设备下方，收集飞溅、掉落的高温金属熔渣。

③ 将下方裸露的电缆和充油设备、可燃气体管道可能发生泄漏的阀门、接口等处，用石棉布遮盖。

④ 下方搭设的竹木脚手架用水浇湿。

⑤ 金属熔渣飞溅、掉落区域内，不得放置氧气瓶、乙炔气瓶。

⑥ 焊接工作全程应设专职监护人，发现火情，立即灭火并停止工作。

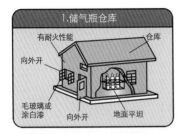

1.储气瓶仓库

有耐火性能　仓库
向外开
毛玻璃或涂白漆　向外开　地面平坦

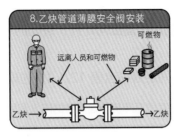

8.乙炔管道薄膜安全阀安装

可燃物
远离人员和可燃物
乙炔→　←乙炔

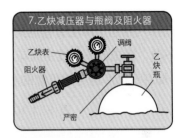

7.乙炔减压器与瓶阀及阻火器

乙炔表　调阀
阻火器　乙炔瓶
严密

2.储存气瓶库房的防火间距

储存种类	防火间距(m) / 储存量(t)	耐火等级			民用建筑、明火或散发火花地点
		一、二级	三级	四级	
乙炔	≤10	12	15	20	25
	>10	15	20	25	30
氧气		10	12	14	—

乙炔　乙炔　乙炔　乙炔　乙炔

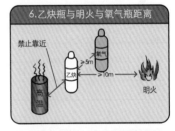

6.乙炔瓶与明火与氧气瓶距离

禁止靠近
氧气
乙炔　≥5m
高压气体　≥10m　明火

3.储存气瓶仓库周围10m内禁止

✕ 可燃物　✕ 锻造
✕ 焊接　✕ 明火

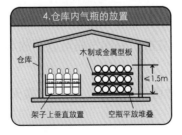

4.仓库内气瓶的放置

仓库　木制或金属型板
≤1.5m
架子上垂直放置　空瓶平放堆叠

5.使用中的氧气和乙炔气瓶

垂直放置　露天遮阳
乙炔　乙炔

焊接用储气瓶的存放及使用

12.1.9 储存气瓶的仓库应具有耐火性能，门窗应向外开，装配的玻璃应用毛玻璃或涂以白漆；地面应该平坦不滑，撞击时不会发生火花。

12.1.10 储存气瓶库房与建筑物的防火间距应符合表 12.1.10 的规定。

表 12.1.10 储存气瓶库房与建筑物的防火间距（m）

储存物品种类	储量（t）	耐火等级			民用建筑、明火或散发火花地点
	防火间距	一、二级	三级	四级	
乙炔	≤ 10	12	15	20	25
	> 10	15	20	25	30
氧气		10	12	14	—

12.1.11 储存气瓶仓库周围 10m 以内，不得堆置可燃物品，不得进行锻造、焊接等明火工作，也不得吸烟。

12.1.12 仓库内应设架子，使气瓶垂直立放。空的气瓶可以平放堆叠，但每一层都应垫有木制或金属制的型板，堆叠高度不得超过 1.5m。

12.1.13 使用中的氧气瓶和乙炔瓶应垂直固定放置。安设在露天的气瓶，应用帐篷或轻便的板棚遮护，以免受到阳光曝晒。

12.1.14　乙炔气瓶禁止放在高温设备附近，应距离明火 10m 以上，使用中应与氧气瓶保持 5.0m 以上距离。

12.1.15　乙炔减压器与瓶阀之间必须连接可靠。严禁在漏气的情况下使用。乙炔气瓶上应有阻火器，防止回火并经常检查，以防阻火器失灵。

12.1.16　乙炔管道应装薄膜安全阀，安全阀应装在安全可靠的地点，以免伤人及引起火灾。

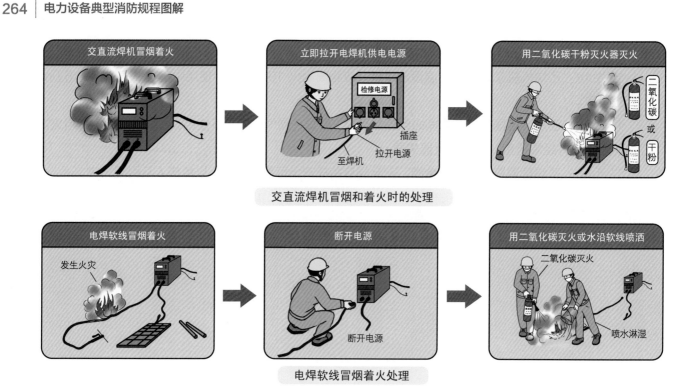

交直流焊机冒烟着火 → 立即拉开电焊机供电电源 → 用二氧化碳干粉灭火器灭火

检修电源

插座

至焊机

拉开电源

二氧化碳 或 干粉

交直流焊机冒烟和着火时的处理

电焊软线冒烟着火 → 断开电源 → 用二氧化碳灭火或水沿软线喷洒

发生火灾

断开电源

二氧化碳灭火

喷水淋湿

电焊软线冒烟着火处理

12.1.17 交直流电焊机冒烟和着火时，应首先断开电源。着火时应用二氧化碳、干粉灭火器灭火。

12.1.18 电焊软线冒烟、着火，应断开电源，用二氧化碳灭火器或水沿电焊软线喷洒灭火。

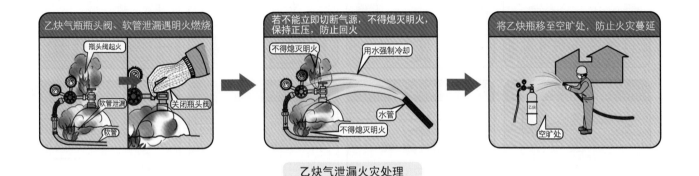

乙炔气泄漏火灾处理

12.1.19 乙炔气泄漏火灾处理应符合下列要求：

① 乙炔气瓶瓶头阀、软管泄漏遇明火燃烧，应及时切断气源，停止供气。若不能立即切断气源，不得熄灭正在燃烧的气体，保持正压状态，处于完全燃烧状态，防止回火发生。

② 用水强制冷却着火乙炔气瓶，起到降温的作用。将着火乙炔气瓶移至空旷处，防止火灾蔓延。

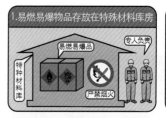

1.易燃易爆物品存放在特殊材料库房

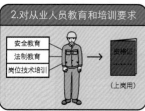

2.对从业人员教育和培训要求

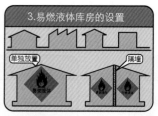

3.易燃液体库房的设置

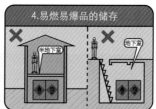

4.易燃易爆品的储存

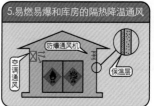

5.易燃易爆和库房的隔热降温通风

6.易燃易爆物品库房严禁明火

7.易燃易爆品进库规定

8.保管人员离开库房，必须拉闸断电

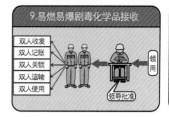

9.易燃易爆剧毒化学品接收

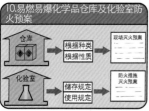

10.易燃易爆化学品仓库及化验室防火预案

11.进入易燃易爆品库房，电瓶车、铲车是防爆型

12.易燃、可燃液体库房设置防流体流散设施

易燃易爆物品储存

12.2　易燃易爆物品储存

12.2.1　易燃易爆物品应存放在特种材料库房，设置"严禁烟火"标志，并有专人负责管理；单位应对从业人员进行安全教育、法制教育和岗位技术培训。从业人员应当接受教育和培训，考核合格后上岗作业；对有资格要求的岗位，应当配备依法取得相应资格的人员。

12.2.2　易燃液体的库房，宜单独设置。当易燃液体与可燃液体储存在同一库房内时，两者之间应设防火墙。

12.2.3　易燃易爆物品不应储存在建筑物的地下室、半地下室内。

12.2.4　易燃易爆物品库房应有隔热降温及通风措施，并设置防爆型通风排气装置。

12.2.5　易燃易爆物品库房内严禁使用明火。库房外动用明火作业时，必须执行动火工作制度。

12.2.6　易燃易爆物品进库，必须加强入库检验，若发现品名不符、包装不合格、容器渗漏等问题时，必须立即转移到安全地点或专门的房间内处理。

12.2.7　保管人员离开易燃易爆危险品库房库时，必须拉闸断电。

12.2.8　易燃易爆、剧毒化学危险品必须执行双人收发、双人记账、双人双锁、双人运输、双人使用。领用需经有关部门领导批准。

12.2.9　应根据仓库内储存易燃易爆化学物品的种类、性质，制定现场灭火预案。化学化验室易燃易爆物品应根据储存、使用的规定，制订防火措施和现场灭火预案。

12.2.10　进入易燃易爆物品库房的电瓶车、铲车，必须是防爆型的。

12.2.11　易燃、可燃液体库房应设置防止液体流散的设施。

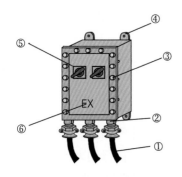

①进出线电缆；
②防爆配电箱进出线接口；
③全封闭面板紧固螺栓；
④防爆配电箱固定座；
⑤面板开关；
⑥防爆标识

防爆配电箱

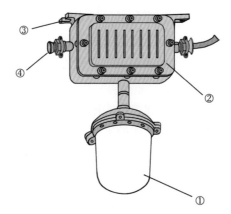

①照明灯泡；
②防爆接线盒；
③安装座；
④防爆进出线接口

防爆照明灯具

防爆手电筒

12.3 绝缘油和透平油油罐、油罐室、油处理室

12.3.1 绝缘油和透平油油罐、油罐室的设计，应符合现行行业标准《水利水电工程设计防火规范》SDJ 278 的有关规定。

12.3.2 油罐室内不应装设照明开关和插座，灯具应采用防爆型。油处理室内应采用防爆电器。

12.3.3 油罐室、油处理室应采用防火墙与其他房间分隔。

12.3.4 油务工作人员在取、放、加油和滤油作业时，现场严禁烟火并应有防火措施，做到油不漏在设备外面及地上。

12.3.5 油罐室、油处理室应设置通风排气装置。

12.3.6 油罐、油罐室、油处理室内动火检修应执行动火工作制度。

12.3.7 烘燥滤油纸应使用专用烘箱，温度不得超过 80℃。

12.3.8 钢质油罐必须装设防感应雷接地，其接地点不应少于两处，每处接地电阻不超过 30Ω。

12.3.9 绝缘油和透平油露天油罐与建筑物等的防火间距应符合表 12.3.9 的规定。

表 12.3.9 露天油罐与建筑物等的防火间距（m）

防火间距 油罐储量（m³）	建筑物名称 建筑物耐火等级		开关站	厂外铁路线 （中心线）	厂外公路 （路边）
	一、二级	三级			
5～200	10	12	15	30	15
200～600	12	15	20		

注：电力牵引机车的厂外铁路线（中心线）防火间距不应小于 20m。

13　消防设施

13.1　燃煤、燃机发电厂

13.1.1　燃煤、燃机发电厂应设置消防给水系统和室内外消火栓，并符合下列要求：

1 消防水源应有可靠保证，供水水量和水压应满足同一时间内发生火灾的次数及一次最大灭火用水，厂区占地面积不大于 100ha 时同一时间按 1 次火灾计算，面积超过时按 2 次火灾计算，一次灭火用水量应为室外和室内消防用水量之和。

2 125MW 机组及以上的燃煤、燃机发电厂应设置独立的消防给水系统。

3 100MW 机组及以下的燃煤、燃机发电厂消防给水可采用与生活或生产用水合用的给水系统，但应保证在其他用水达到最大小时用量时，能确保消防用水量。

13.1.2　燃煤、燃机发电厂应设置带消防水泵、稳压设施和消防水池的临时（稳）高压给水系统或带高位消防水池的高压给水系统。

13.1.3　消防水泵应设置备用泵，125MW 机组以下发电厂的备用泵流量和扬程不应小于最大一台消防泵的流量和扬程。125MW 机组及以上发电厂宜设置柴油驱动消防泵作为备用泵，其性能参数及泵的数量应满足最大消防水量、水压的需要。

13.1.4 下列建筑物或场所应设置室内消火栓：主厂房（包括汽机房和锅炉房的底层和运转层、燃机厂房的底层和运转层、煤仓间各层、除氧器层、锅炉燃烧器各层平台），集中控制楼、主控制楼、网络控制楼、微波楼、脱硫控制楼，继电器室、有充油设备的屋内高压配电装置，屋内卸煤装置、碎煤机室、转运站、筒仓皮带层、室内储煤场，柴油发电机房，生产、行政办公楼，一般材料库、特殊材料库，汽车库。

13.1.5 火灾自动报警系统与固定灭火系统应符合下列规定：

① 单机容量为 300MW 及以上的燃煤发电厂应按现行国家标准《火力发电厂与变电站设计防火规范》GB 50229 的规定，设置重点防火区域的火灾自动报警系统和固定灭火系统。

② 单机容量为 200MW 及以上但小于 300MW 的燃煤发电厂应按现行国家标准《火力发电厂与变电站设计防火规范》GB 50229 的规定，设置重点防火区域的火灾自动报警系统。

③ 单机容量为 50MW ～ 135MW 的燃煤发电厂在控制室、电缆夹层、屋内配电装置、电缆隧道及竖井处设置火灾自动报警系统。

④ 单机容量为 50MW 以下的燃煤发电厂以消火栓和移动式灭火器材为主要灭火手段。

⑤ 单机容量 50MW 以上的燃煤发电厂运煤栈桥及隧道与转运站、筒仓、碎煤机室、主厂房连接处应设水幕；所有钢结构运煤建筑应设置自动喷水或水喷雾灭火系统；所有 90MVA 及以上的油浸式变压器应设置火灾自动报警系统和水喷雾、泡沫喷雾、排油注氮装置或其他灭火系统。

⑥ 除燃气轮发电机组外，多轴配置的联合循环燃机发电厂应按汽轮发电机组容量对应燃煤发电厂等同容量设置火灾自动报警系统和固定自动灭火系统，单轴配置的燃机发电厂应按单套机组总容量对应燃煤发电厂确定消防设施。燃气轮发电机组（包括燃气轮机、齿轮箱、发电机和控制间）应设置全淹没气体灭火系统和火灾自动报警系统，室内天然气调压站、燃机厂房应设置可燃气体泄漏探测装置。

13.1.6 单机容量为 300MW 及以上的燃煤发电厂主要建（构）筑物和设备的火灾自动报警系统与固定灭火系统在条件相符时可按本规程附录 D 表 D.0.1 的规定采用；单机容量为 200MW 及以上但小于 300MW 的燃煤发电厂主要建（构）筑物和设备的火灾自动报警系统在条件相符时可按本规程附录 D 表 D.0.2 的规定采用。

13.2 水力发电厂（抽水蓄能电厂）

13.2.1 容量 50MW 及以上的大、中型水力发电厂、抽水蓄能电厂应设置消防给水系统和室内外消火栓。消防给水可选用自流供水、水泵供水或消防水池供水等方式，供水水量和水压应满足最大一次消防灭火用水（室外和室内用水量之和）。当单一供水方式不能满足要求时，可采用混合供水方式，消防用水可与生产、生活用水结合。

13.2.2 消防给水系统应符合下列要求：

① 采用自流供水方式的高压系统时，取水口不应少于两个，必须在任何情况下保证消防给水。

② 采用水泵供水方式的临时高压系统时，应设置备用泵和消防水箱，备用泵的工作能力不应小

于最大一台主泵，消防水箱应储存 10min 的消防水量，但可不超过 18m³。

3 采用消防水池供水方式时，水池容量应满足火灾延续时间内的消防用水量要求。

13.2.3 主厂房、副厂房、泵房、油罐室、升压开关站等处应设置室内消火栓，每个消火栓处应设直接启动消防泵的按钮，保证在火警后 5min 内开始工作。

13.2.4 大、中型水力发电厂含抽水蓄能电厂应按《水利水电工程设计防火规范》SDJ 278 的规定，设置重点防火区域的火灾自动报警系统和固定灭火系统。主要建（构）筑物和设备的火灾自动报警系统与固定灭火系统在条件相符时可按本规程附录 D 表 D.0.3 的规定采用。

13.3 风力发电场

13.3.1 大中型风力发电场建筑物应设置独立或合用消防给水系统和消火栓。消防水源应有可靠保证，供水水量和水压应满足最大一次消防灭火用水（室外和室内用水量之和）。小型风力发电场内的建筑物耐火等级不低于二级，体积不超 3000m³，且火灾危险性为戊类时，可不设消防给水。

13.3.2 设有消防给水的风力发电场变电站应设置带消防水泵、稳压设施和消防水池的临时（稳）高压给水系统，消防水泵应设置备用泵，备用泵流量和扬程不应小于最大一台消防泵的流量和扬程。

13.3.3 设有消防给水的风力发电场主控通信楼应设置室内外消火栓和移动式灭火器，其他建筑物不设室内消火栓的条件同变电站。并符合下列要求：

1 风力发电场变电站的特殊消防设施配置应符合现行国家标准《火力发电厂与变电站设计防火规范》GB 50229 的有关规定。

② 主控通信楼和配电装置室的控制室、电子设备室、配电室、电缆夹层及竖井等处应设置感烟或感温型火灾探测器。

③ 油浸式变压器处应设置缆式线型感温或分布式光纤探测器或其他探测方式，单台容量125MVA 及以上的油浸式变压器应设置固定式水喷雾、合成型泡沫喷雾或排油注氮灭火装置。

13.3.4 机组及周围场地可不设置消火栓及消防给水系统，风机塔筒底部和机舱内部均应设置手提式灭火器。

13.3.5 750kW 以上的风机机舱内应设置无源型悬挂式超细干粉灭火装置或气溶胶灭火装置，采用自身热敏元件探测并自动启动；也可采用有源型悬挂式超细干粉、瓶组式高压细水雾、火探管等固定式自动灭火装置，以及火灾自动报警装置；风机内部有足够的照明措施时，还可选用视频监视装置作为辅助监控措施。

13.4 光伏发电站

13.4.1 独立建设的并网型太阳能光伏发电站应设置独立或合用消防给水系统和消火栓。消防水源应有可靠保证，供水水量和水压应满足最大一次消防灭火用水（室外和室内用水量之和）。小型光伏发电站内的建筑物耐火等级不低于二级，体积不超 $3000m^3$ 且火灾危险性为戊类时，可不设消防给水。

13.4.2 设有消防给水的光伏发电站的变电站应设置带消防水泵、稳压设施和消防水池的临时（稳）高压给水系统，消防水泵应设置备用泵，备用泵流量和扬程不应小于最大一台消防泵的流量和扬程。

13.4.3　设有消防给水的普通光伏发电站综合控制楼应设置室内外消火栓和移动式灭火器，控制室、电子设备室、配电室、电缆夹层及竖井等处应设置感烟或感温型火灾探测报警装置。光伏电池组件场地和逆变器室一般不设置消火栓及消防给水系统，仅逆变器室需设置移动式灭火器。其他建筑物不设室内消火栓的条件同变电站。

13.4.4　采用集热塔技术的太阳能集热发电站类似于小型火力发电厂，比照汽轮发电机组容量，设置消火栓、火灾自动报警系统和固定灭火系统。

13.5　生物质发电厂

13.5.1　生物质发电厂应设置独立或合用消防给水系统和室内外消火栓。消防水源应有可靠保证，供水水量和水压应满足最大一次消防灭火用水（室外和室内用水量之和）。当采用消防生活合用给水系统时，应保证在生活用水达到最大小时用量时，能确保消防用水量。

13.5.2　应设置带消防水泵、稳压设施和消防水池的临时（稳）高压给水系统或带高位消防水池的高压给水系统。消防水泵应设置备用泵，备用泵流量和扬程不应小于最大一台消防泵的流量和扬程。

13.5.3　下列建筑物或场所应设置室内消火栓：主厂房（包括汽机房和锅炉房的底层和运转层、除氧间各层）、干料棚、转运站及除铁小室、综合办公楼、食堂、检修材料库。

13.5.4　生物质发电厂属小型火力发电厂，消防措施以火灾自动报警、人工灭火为主，重点防火区域的火灾自动报警系统和固定灭火系统应符合表 13.5.4 的规定。

表 13.5.4 火灾自动报警系统与固定灭火系统

建（构）筑物和设备		火灾探测器类型	固定灭火介质及系统型式
主厂房	集控室	感烟	—
	电子设备间	感烟	—
	电气配电间	感烟	—
	电缆桥架、竖井	缆式线型感温或分布式光纤	—
	汽轮机轴承	感温或火焰	—
	汽轮机润滑油箱	缆式线型感温或分布式光纤	—
	汽机润滑油管道	缆式线型感温或分布式光纤	—
	给水泵油箱	缆式线型感温或分布式光纤	—
	锅炉本体燃烧器	缆式线型感温或分布式光纤	—
	料仓间皮带层	缆式线型感温或分布式光纤	—
	主变压器（90MVA 及以上）	缆式线型感温 + 缆式线型感温或缆式线型感温 + 火焰探测器组合	水喷雾、泡沫喷雾（严寒地区）或其他介质
燃料建（构）筑物	燃料干料棚（含半露天堆场）	红外感烟或火焰	按现行规范时采用室内消火栓或消防水炮（计算确定）；采用自动喷水灭火装置
	干料棚、除铁小室与栈桥连接处	缆式线型感温或分布式光纤	水幕
	除铁小室（含转运站）	缆式线型感温或分布式光纤	—
	皮带通廊	缆式线型感温或分布式光纤	封闭式设置自动喷水灭火装置
辅助建筑物	柴油机消防泵及油箱	感温	—
	空压机室	感温	—
	油泵房	感温	—
	综合办公楼	感烟	设置有风管的集中空气调节系统且建筑面积大于 3000m^2 时采用自动喷水灭火装置
	食堂 / 材料库	感烟或感温	—

13.6 垃圾焚烧发电厂

13.6.1 垃圾焚烧发电厂应设置消防给水系统和室内外消火栓，消防水源应有可靠保证，供水水量和水压应满足最大一次消防灭火用水（包括室外和室内用水量之和）。全厂总焚烧能力 600t/d（Ⅱ类）及以上的垃圾电厂宜采用独立的消防给水系统，此外的小型垃圾电厂可采用生产、消防合用给水系统，但应保证在其他用水达到最大小时用量时，能确保消防用水量。

13.6.2 消防水泵和消防水池的设置应符合现行国家标准《火力发电厂与变电站设计防火规范》GB 50229 的规定。

13.6.3 下列建筑物或场所应设置室内消火栓：垃圾焚烧厂房和汽轮发电机厂房的地面及各层平台、飞灰固化处理车间、循环水泵房、办公楼。

13.6.4 火灾自动报警系统与固定灭火系统应符合表 13.6.4 的规定。

表 13.6.4 火灾自动报警系统与固定灭火系统

建筑物和设备	火灾探测器类型	固定灭火介质及系统型式
垃圾储存仓、焚烧工房及其相连部分	感温或红外感烟	消防水炮
中央控制室	点式感烟或吸气式感烟	—
配电室	点式感烟或吸气式感烟	—
电缆夹层、电缆竖井和电缆通廊	缆式线型感温、分布式光纤、点式感烟或吸气式感烟	—

13.7 变电站（换流站、开关站）

13.7.1 变电站、换流站和开关站应设置消防给水系统和消火栓。消防水源应有可靠保证，同一时间按一次火灾考虑，供水水量和水压应满足一次最大灭火用水，用水量应为室外和室内（如有）消防用水量之和。变电站、开关站和换流站内的建筑物耐火等级不低于二级，体积不超 3000m³，且火灾危险性为戊类时，可不设消防给水。

13.7.2 设有消防给水的变电站、换流站和开关站应设置带消防水泵、稳压设施和消防水池的临时（稳）高压给水系统，消防水泵应设置备用泵，备用泵流量和扬程不应小于最大一台消防泵的流量和扬程。

13.7.3 变电站、换流站和开关站的下列建筑物应设置室内消火栓：地上变电站和换流站的主控通信楼、配电装置楼、继电器室、变压器室、电容器室、电抗器室、综合楼、材料库，地下变电站。下列建筑物可不设置室内消火栓：耐火等级为一、二级且可燃物较少的丁、戊类建筑物；耐火等级为三、四级且建筑体积不超过 3000m³ 的丁类厂房和建筑体积不超过 5000m³ 的戊类厂房；室内没有生产、生活给水管道，室外消防用水取自储水池且建筑体积不超过 5000m³ 的建筑物。

13.7.4 电压等级 35kV 或单台变压器 5MVA 及以上变电站、换流站和开关站的特殊消防设施配置应符合现行国家标准《火力发电厂与变电站设计防火规范》GB 50229 的有关规定，换流站的消防设施还应符合现行行业标准《高压直流换流站设计技术规定》DL/T 5223 的要求，地下变电站的消防设施还应符合现行行业标准《35kV ～ 220kV 城市地下变电站设计规程》DL/T 5216 的要求。

① 地上变电站和换流站火灾自动报警系统和固定灭火系统应符合表 13.7.4 的规定。

表 13.7.4　变电站和换流站火灾自动报警系统与固定灭火系统

建筑物和设备	火灾探测器类型	固定灭火介质及系统型式
主控制室	点式感烟或吸气式感烟	—
通信机房	点式感烟或吸气式感烟	—
户内直流开关场地	点式感烟或吸气式感烟	—
电缆层、电缆竖井和电缆隧道	220kV 及以上变电站、所有地下变电站和无人变电站设缆式线型感温、分布式光纤、点式感烟或吸气式感烟	无人值班站可设置悬挂式超细干粉、气溶胶或火探管灭火装置
继电器室	点式感烟或吸气式感烟	—
电抗器室	点式感烟或吸气式感烟（如有含油设备，采用感温）	—
电容器室	点式感烟或吸气式感烟（如有含油设备，采用感温）	—
配电装置室	点式感烟或吸气式感烟	—
蓄电池室	防爆感烟和可燃气体	—
换流站阀厅	点式感烟或吸气式感烟＋其他早期火灾探测报警装置（如紫外弧光探测器）组合	—

续表

建筑物和设备	火灾探测器类型	固定灭火介质及系统型式
油浸式平波电抗器 （单台容量 200Mvar 及以上）	缆式线型感温＋缆式线型感温或缆式线型感温＋火焰探测器组合	水喷雾、泡沫喷雾（缺水或严寒地区）或其他介质
油浸式变压器 （单台容量 125MVA 及以上）	缆式线型感温＋缆式线型感温或缆式线型感温＋火焰探测器组合（联动排油注氮宜与瓦斯报警、压力释压阀或跳闸动作组合）	水喷雾、泡沫喷雾、排油注氮（缺水或严寒地区）或其他介质
油浸式变压器（无人变电站单台容量 125MVA 以下）	缆式线型感温或火焰探测器	—

2 地下变电站除满足表13.7.4规定外，还应在所有电缆层、电缆竖井和电缆隧道处设置线型感温、感烟或吸气式感烟探测器，在所有油浸式变压器和油浸式平波电抗器处设置火灾自动报警系统和细水雾、排油注氮、泡沫喷雾或固定式气体自动灭火装置。

14　消防器材

14.1　火灾类别及危险等级

14.1.1　灭火器配置场所的火灾种类应根据该场所内的物质及其燃烧特性进行分类，划分为下列类型。

1　A 类火灾：固体物质火灾。

2　B 类火灾：液体火灾或可熔化固体物质火灾。

3　C 类火灾：气体火灾。

4　D 类火灾：金属火灾。

5　E 类火灾：物体带电燃烧的火灾。

14.1.2　工业场所的灭火器配置危险等级，应根据其生产、使用、储存物品的火灾危险性，可燃物数量，火灾蔓延速度，扑救难易程度等因素，划分为三级：严重危险级、中危险级和轻危险级。

14.1.3　建（构）筑物、设备火灾类别及危险等级可按本规程附录 E 的规定采用。

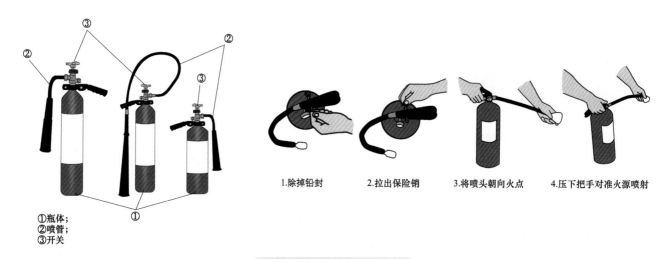

①瓶体；
②喷管；
③开关

1.除掉铅封　　2.拉出保险销　　3.将喷头朝向火点　　4.压下把手对准火源喷射

手提式灭火器及使用方法

14.2 灭火器

14.2.1　灭火器的选择应考虑配置场所的火灾种类和危险等级、灭火器的灭火效能和通用性、灭火剂对保护物品的污损程度、设置点的环境条件等因素。有场地条件的严重危险级场所，宜设推车式灭火器。

14.2.2　手提式和推车式灭火器的定义、分类、技术要求、性能要求、试验方法、检验规则及标志等要求应符合现行国家标准《手提式灭火器》GB 4351 和《推车式灭火器》GB 8109 的有关规定。

①推车；
②喷枪；
③软管；
④保险和开关；
⑤贮气瓶

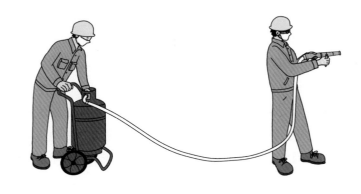

推车式灭火器及使用方法

注：使用时，一般由两人操作，先将灭火器迅速推拉到火场，
在距离着火点 10m 左右处停下。

14.2.3　在同一灭火器配置场所，宜选用相同类型和操作方法的灭火器，当选用两种或两种以上类型灭火器时，应采用灭火剂相容的灭火器。当同一场所存在不同种类火灾时，应选用通用型灭火器。

14.2.4　灭火器需定位，设置点的位置应根据灭火器的最大保护距离确定，并应保证最不利点至少在 1 具灭火器的保护范围内。灭火器的最大保护距离应符合现行国家标准《建筑灭火器配置设计规范》GB 50140 的规定。

14.2.5　实配灭火器的灭火级别不得小于最低配置基准，灭火器的最低配置基准按火灾危险等级确定，应符合现行国家标准《建筑灭火器配置设计规范》GB 50140 的规定。当同一场所存在不同火灾危险等级时，应按较危险等级确定灭火器的最低配置基准。

14.2.6　灭火器的设置应符合下列要求：

①　灭火器应设置在位置明显和便于取用的地点，且不得影响安全疏散。

②　灭火器不得设置在超出其使用温度范围的地点，不宜设置在潮湿或强腐蚀性的地点，当必须设置时应有相应的保护措施。露天设置的灭火器应有遮阳挡水和保温隔热措施，北方寒冷地区应设置在消防小室内。

③　对有视线障碍的灭火器设置点，应设置指示其位置的发光标志。

④　手提式灭火器宜设置在灭火器箱内或挂钩、托架上，其顶部离地面高度不应大于 1.50m，底部离地面高度不宜小于 0.08m。

⑤　灭火器的摆放应稳固，其铭牌应朝外。

14.2.7　灭火器的标志应符合下列要求：

①　灭火器筒体外表应采用红色。

②　灭火器上应有发光标志，以便在黑暗中指示灭火器所处的位置。

③　灭火器应有铭牌贴在筒体上或印刷在筒体上，并应包括下列内容：灭火器的名称、型号和灭火剂种类，灭火种类和灭火级别，使用温度范围，驱动气体名称和数量或压力，水压试验压力，制造

厂名称或代号，灭火器认证，生产连续序号，生产年份，灭火器的使用方法（包括一个或多个图形说明和灭火种类代码），再充装说明和日常维护说明。

④ 灭火器类型、规格和灭火级别应符合现行国家标准《建筑灭火器配置设计规范》GB 50140 的要求。

⑤ 灭火器的分类、使用及原理可按本规程附录 F 的规定采用。

⑥ 泡沫灭火器的标志牌应标明"不适用于电气火灾"字样。

14.2.8 灭火器箱不得上锁，灭火器箱前部应标注"灭火器箱、火警电话、厂内火警电话、编号"等信息，箱体正面和灭火器设置点附近的墙面上应设置指示灭火器位置的固定标志牌，并宜选用发光标志。

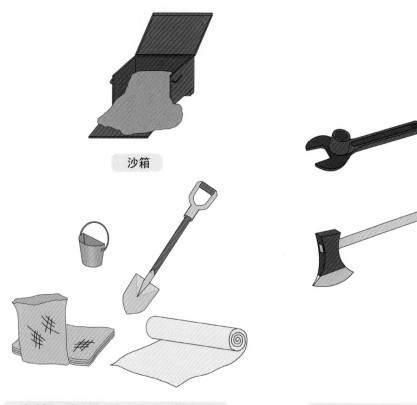

沙箱

消防桶、消防锹、麻丝袋、石棉灭火毯

消防栓扳手和消防斧

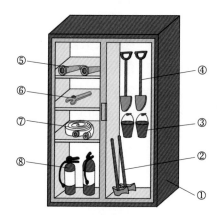

①消防器材箱；
②消防斧；
③消防桶；
④消防锹；
⑤消防水枪；
⑥消防栓扳手；
⑦消防带；
⑧二氧化碳灭火器

消防器材箱

14.3 消防器材配置

14.3.1 各类发电厂和变电站的建（构）筑物、设备应按照其火灾类别及危险等级配置移动式灭火器。

14.3.2 各类发电厂和变电站的灭火器配置规格和数量应按《建筑灭火器配置设计规范》GB 50140 计算确定，实配灭火器的规格和数量不得小于计算值。

14.3.3 一个计算单元内配置的灭火器不得少于 2 具，每个设置点的灭火器不宜多于 5 具。

14.3.4 手提式灭火器充装量大于 3.0kg 时应配有喷射软管，其长度不小于 0.4m，推车式灭火器应配有喷射软管，其长度不小于 4.0m。除二氧化碳灭火器外，贮压式灭火器应设有能指示其内部压力的指示器。

14.3.5 油浸式变压器、油浸式电抗器、油罐区、油泵房、油处理室、特种材料库、柴油发电机、磨煤机、给煤机、送风机、引风机和电除尘等处应设置消防沙箱或沙桶，内装干燥细黄沙。消防沙箱容积为 1.0m³，并配置消防铲，每处 3 把～ 5 把，消防沙桶应装满干燥黄沙。消防沙箱、沙桶和消防铲均应为大红色，沙箱的上部应有白色的"消防沙箱"字样，箱门正中应有白色的"火警 119"字样，箱体侧面应标注使用说明。消防砂箱的放置位置应与带电设备保持足够的安全距离。

14.3.6 设置室外消火栓的发电厂和变电站应集中配置足够数量的消防水带、水枪和消火栓扳手，宜放置在厂内消防车库内。当厂内不设消防车库时，也可放置在重点防火区域周围的露天专用消防箱或消防小室内。根据被保护设备的性质合理配置 19mm 直流或喷雾或多功能水枪，水带宜配置有衬里消防水带。

14.3.7　每只室内消火栓箱内应配置 65mm 消火栓及隔离阀各 1 只、25m 长 DN65 有衬里水龙带 1 根带快装接头、19mm 直流或喷雾或多功能水枪 1 只、自救式消防水喉 1 套、消防按钮 1 只。带电设施附近的消火栓应配备带喷雾功能水枪。当室内消火栓栓口处的出水压力超过 0.5MPa 时，应加设减压孔板或采用减压稳压型消火栓。

14.3.8　典型工程现场灭火器和黄沙配置可按本规程附录 G 的规定采用。

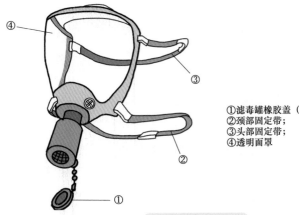

①滤毒罐橡胶盖（不用时盖严，使用时打开）；
②颈部固定带；
③头部固定带；
④透明面罩

正压呼吸面罩

注：正压呼吸面罩用于进入轻微泄漏区域个体防护使用。

14.4　正压式消防空气呼吸器

14.4.1　设置固定式气体灭火系统的发电厂和变电站等场所应配置正压式消防空气呼吸器，数量宜按每座有气体灭火系统的建筑物各设 2 套，可放置在气体保护区出入口外部、灭火剂储瓶间或同一建筑的有人值班控制室内。

14.4.2　长距离电缆隧道、长距离地下燃料皮带通廊、地下变电站的主要出入口应至少配置 2 套正压式消防空气呼吸器和 4 只防毒面具。水电厂地下厂房、封闭厂房等场所，也应根据实际情况配置正压式消防空气呼吸器。

14.4.3　正压式消防空气呼吸器应放置在专用设备柜内，柜体应为红色并固定设置标志牌。

附录 1 火电厂动火级别详细分类

火电厂动火级别的详细分类

一级动火区	
1．油系统	油罐区、锅炉燃油系统及燃油泵房，汽轮机油系统、油管路及与油系统相连的汽水管道和设备、油箱
2．氢系统	氢气系统及制氢站
3．制粉系统	锅炉制粉系统
4．燃气系统	天然气调压站、天然气启动锅炉房、液化气站
5．易燃易爆	易燃易爆储存场所
6．电气设施	变压器等注油设备、油处理室、蓄电池室（铅酸）
7．脱硫系统	脱硫吸收塔内与塔外壁、防腐烟道与烟道外壁、事故浆液箱等防腐箱罐内与箱罐外壁与吸收塔相通管道
8．脱硝系统	脱硝系统液氨储罐及其相通管道，脱硝系统氨区内
9．生物质发电	生物质发电企业秸秆仓库或堆场内
10．垃圾发电	垃圾焚烧发电企业垃圾贮坑底部、渗沥液溢水槽等部位、场所、设备
11．企业自定义	各企业确认的防火部位和场所

续表

二级动火区	
1. 发电机	发电机
2. 码头	发电机企业燃油码头
3. 管道及支架	与燃油系统能加堵板隔离的汽水管道、油管道支架及支架上的其他管道
4. 输煤系统	输煤系统
5. 电缆系统	电缆、电缆间（夹层）、电缆通道
6. 房间	换流站阀厅，调度室、控制室、集控室、通信机房，电子设备间、升压站，配电室、计算机房，档案室
7. 汽油设备	循环水冷却塔
8. 光伏系统	草原光伏电站
9. 脱硫系统	脱硫系统其他防腐箱罐
10. 脱硝系统	脱硝尿素制备区
11. 生物质发电	生物质秸秆输送系统
12. 垃圾发电	垃圾焚烧发电企业垃圾贮坑底部、渗沥液溢水槽等部位、场所、设备
13. 企业自定义	各企业确认的防火部位和场所

注：以中国大唐集团公司企业标准 Q/CDT 21402001—2017《工作票、操作票使用与管理标准》举例。

附录 2 氨区的喷淋装置与作业注意事项

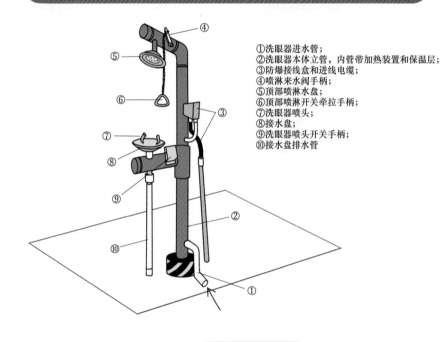

①洗眼器进水管；
②洗眼器本体立管，内管带加热装置和保温层；
③防爆接线盒和进线电缆；
④喷淋来水阀手柄；
⑤顶部喷淋水盘；
⑥顶部喷淋开关牵拉手柄；
⑦洗眼器喷头；
⑧接水盘；
⑨洗眼器喷头开关手柄；
⑩接水盘排水管

防冻型洗眼器

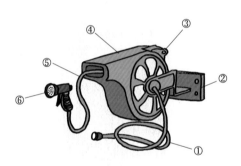

①水车进水管；
②水车固定支架；
③水车提手；
④水车体（内部收纳水带）；
⑤水车出口水带；
⑥雾化喷淋头

喷淋用水管车

注：用于眼睛或身体被氨污染时的紧急救护。

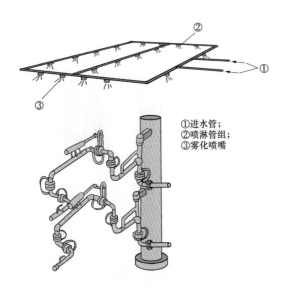

①进水管；
②喷淋管组；
③雾化喷嘴

卸氨臂区喷淋系统

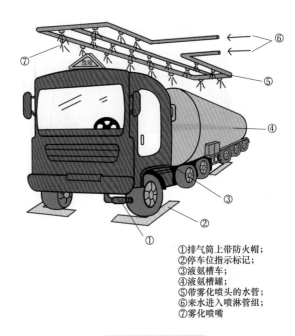

①排气筒上带防火帽；
②停车位指示标记；
③液氨槽车；
④液氨槽罐；
⑤带雾化喷头的水管；
⑥来水进入喷淋管组；
⑦雾化喷嘴

卸料区喷淋系统

注：卸料区喷淋用于卸料时氨泄漏喷淋吸收。

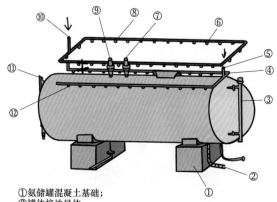

①氨储罐混凝土基础；
②罐体接地导体；
③音叉开关液位测量装置；
④罐体冷却降温喷淋水管；
⑤罐体冷却降温喷淋水进水管；
⑥消防喷淋水管（由氨区检漏仪触发）；
⑦气相连接管；
⑧消防喷淋水管雾化喷头；
⑨液相连接管；
⑩消防喷淋水进水管；
⑪磁浮翻板液位计；
⑫罐体降温喷淋水管喷头

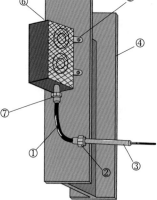

①防爆柔性软管；
②防爆柔性软管与电缆
金属防护套管防爆接头；
③金属防护套管；
④氨区工字钢架；
⑤音箱固定座；
⑥音箱；
⑦防爆接口

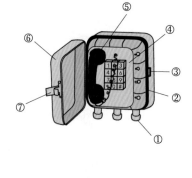

①防爆进线口；
②密封胶圈；
③锁座；
④电话数字键盘；
⑤电话机手柄；
⑥电话机盒盖；
⑦盒盖锁具

液氨储罐冷却喷淋和消防喷淋系统　　　　**应急语言播报系统**　　　　**应急报警防爆电话**

注：在防爆环境中使用，
用于紧急通信。

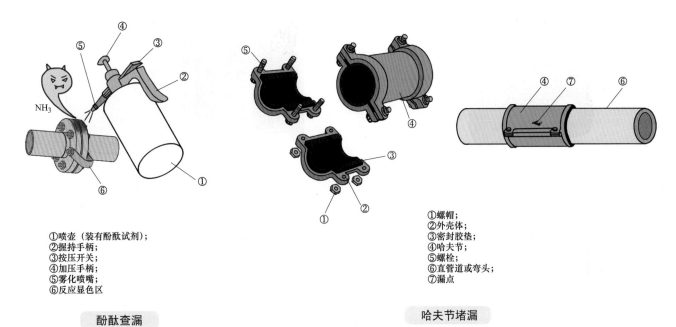

①喷壶（装有酚酞试剂）；
②握持手柄；
③按压开关；
④加压手柄；
⑤雾化喷嘴；
⑥反应显色区

①螺帽；
②外壳体；
③密封胶垫；
④哈夫节；
⑤螺栓；
⑥直管道或弯头；
⑦漏点

酚酞查漏

注：用酚酞试剂遇氨碱性显色原理快速查到
　　漏氨点。

哈夫节堵漏

注：用于直管道砂眼、锈蚀穿孔引起的泄漏处理。

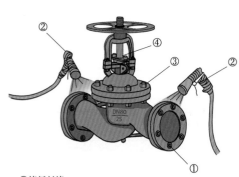

①堵板封堵；
②喷淋水枪；
③阀门（可能存在阀瓣关不严造成的内漏）；
④门杆盘根漏(阀门反复开启造成盘根松脱漏氨或压盖拉杆断裂盘根失去压力而漏氨，采取紧固盘根和更换压盖拉杆的办法)

法兰泄漏的应急处理

注：阀门有内漏时的封闭处理方法：
（1）确认阀门内漏很小，但依然有内漏；
（2）用氢气置换阀门待封堵的一侧管道，同时缓慢解开这一侧法兰泄压，并不断向法兰接合面喷水，吸收可能泄漏出的氨气；
（3）待泄压后，彻底解开待封堵侧法兰，塞入钢板（保证强度）和整张圆形垫片封堵。

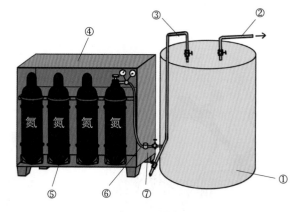

①氨区容器类设备；
②排出的氨气至稀释槽吸收；
③氮气进气管；
④氨区氮气站或移动式氮气站；
⑤戴防护帽的设备氮气瓶；
⑥充氮连接软管；
⑦充氮连接软管活接头

氮气置换法

注：用于管路或小容量容器的快速置换，氮气将内部氨全部排空为止。

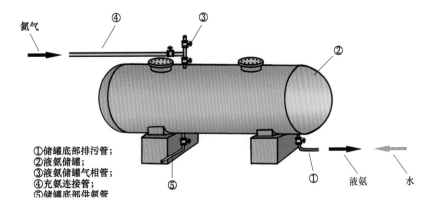

氮气

④
③
②
①储罐底部排污管；
②液氨储罐；
③液氨储罐气相管；
④充氮连接管；
⑤储罐底部供氨管
⑤
①
液氨　　水

水和氮气联合置换法

注：1. 用于液氨储罐等大容积容器的清理，至内部氮气全部排空为止。
2. 置换步骤：
（1）排空储罐残余液氨至压力表为零；
（2）对储罐充氮至压力表为 0.1MPa；
（3）向管内充水吸收内部残余氨气，满水浸泡 24h，之后排空，压力为
　　 零后打开人孔门检修内部。